HINTER DEN KULISSEN

DIE TIPPS & TRICKS DER TEAMMECHANIKER

Die englische Originalausgabe mit dem Titel *The Official Tour de France Bike Maintenance Book* erscheint 2019 bei Carlton Books Limited. Alle Rechte vorbehalten.

Bibliografische Information der Deutschen Nationalbibliothek
Die Deutsche Nationalbibliothek verzeichnet diese Publikation in der Deutschen Nationalbibliografie; detaillierte bibliografische Daten sind im Internet über http://dnb.dnb.de abrufbar.

1. Auflage
ISBN 978-3-667-11687-1
Die Rechte für die deutsche Ausgabe liegen beim Verlag Delius Klasing & Co. KG, Bielefeld.

Redaktion: Martin Corteel
Projektmanager: Ross Hamilton
Design Manager: Luke Griffin
Layout: James Pople & Harj Ghundale
Bildredaktion: Paul Langan
Produktion: Rachel Burgess

Aus dem Englischen von René Stein
Satz und Lektorat: Gerdi Killer, bookwise GmbH
Fachlicher Berater: Jochen Donner
Umschlaggestaltung: Felix Kempf, www.fx68.de
Druck: Graficas Estella
Printed in Spain 2019

Delius Klasing Verlag, Siekerwall 21, D - 33602 Bielefeld
Tel.: 0521/559-0, Fax: 0521/559-115
E-Mail: info@delius-klasing.de
www.delius-klasing.de

HINTER DEN KULISSEN

DIE TIPPS & TRICKS DER TEAMMECHANIKER

LUKE EDWARDES-EVANS

DELIUS KLASING VERLAG

INHALT

KAPITEL 11

ARBEITEN AM RUHETAG

KAPITEL 12

RENNRÄDER MIT SCHEIBENBREMSEN

KAPITEL 13

AUSTAUSCH VON VERSCHLEISSTEILEN

KAPITEL 14

STÜRZE UND UNFÄLLE IM PELOTON

KAPITEL 15

DIE REIFEN

KAPITEL 16

IHR GANZ PERSÖNLICHES RAD

KAPITEL 17

KLASSIKER DER TOUR

KAPITEL 18

DIE WARTUNG DER KLASSIKER

PROLOG

An der Tour de France teilzunehmen, davon träumt jeder Radsportler. Seit ihrer ersten Austragung 1903 wurde der Rundfahrt schnell der Ruf als prestigeträchtigste und mörderischste Herausforderung für die besten Radfahrer der Welt zuteil.

Nur die größten Champions haben es geschafft, die Tour zu gewinnen. Das bestätigt auch ein Blick auf die Siegerliste: Eddie Merckx, Fausto Coppi, Bernard Hinault, Miguel Indurain und Chris Froome stechen heraus, sie gehören zu den legendären Fahrern, die die Grande Boucle mehrfach gewinnen konnten. Ein Etappensieg gilt für viele Profis als Karrierehöhepunkt. Das Prestige eines Erfolgs ist so hoch, dass der Fahrer seinen Vertrag für das nächste Jahr – oder gar darüber hinaus – schon fast sicher in der Tasche hat.

Das Rennen findet mitten im Sommer statt. Es umfasst an 21 aufeinanderfolgenden Tagen rund 3.500 Kilometer und hat nur zwei Ruhetage jeweils zu Beginn der zweiten und dritten Woche. Die Strecke variiert von Jahr zu Jahr mit einem Mix aus Straßen- und Zeitfahretappen. Sie ist so konzipiert, dass die Allrounder-Fähigkeiten des Pelotons getestet werden. Wird die Route im Herbst bekanntgegeben, grübeln Fahrer und Fans über den Etappen, bewerten Ausmaß sowie Umfang von Anstiegen und Bergen. Kopfsteinpflasterpassagen und Zeitfahrkilometer fließen in die Vorhersage mit ein, für welchen künftigen Champion die nächste Tour maßgeschneidert ist.

Aber es gibt weitere Faktoren, die das Ergebnis der Tour beeinflussen. Das Wetter ist im Juli oft extrem heiß, kann aber auch regnerisch oder in den Pyrenäen und Alpen kalt sein. Findet der Grand Depart außerhalb Frankreichs statt, kann sich die sowieso schon unbekannte Streckenführung durch schlechtes Wetter als noch problematischer erweisen. Die Folge: Unfälle im Peloton. Sie sind eine unglückselige Konsequenz der Nervosität in der ersten Woche.

Heutzutage starten bei der Tour normalerweise 22 Teams mit jeweils acht Fahrern, sodass 176 Fahrer an den Start gehen. Hinter jedem Team steht eine Mannschaft, die sicherstellen will, dass ihre acht Fahrer während der drei Wochen in der bestmöglichen Form sind. Vom Sportlichen Leiter, der im Teamfahrzeug hinter den Fahrern via Funk seine Kommandos erteilt, bis hin zum Chefkoch, der supergesundes Frühstück und Abendessen zubereitet – nur die Besten schaffen es zur Tour. Und dasselbe gilt für die Protagonisten in diesem Buch: Meist sind es vier Mechaniker, die sich in jedem Team dafür engagieren, dass die Räder in den Gewinnermodus versetzt werden. Die Mechaniker gehören wie die Rennfahrer zu den Besten ihres Fachs. Ein Radsportler träumt davon, die Tour zu fahren. Ein Fahrradmechaniker träumt davon, zur elitären Kaste derjenigen aufzusteigen, die es zur Tour geschafft haben. In diesem Buch blicken wir hinter die Kulissen der Teamtrucks und staunen ob der vielen Aufgaben und Fähigkeiten, die ein Mechaniker mitbringen muss. Schnelligkeit, Effizienz und Perfektionismus sind neben unermüdlich guter Laune ihr täglich Brot. Mit Ratschlägen, Tipps und Schritt-für-Schritt-Anleitungen kann auch der Hobbyschrauber zu Hause sein Fahrrad auf Tour-de-France-Standard bringen.

▶ Die Arbeit während der laufenden Tour-Etappe ist die ultimative Herausforderung für jeden Teammechaniker.

41
41
ERB

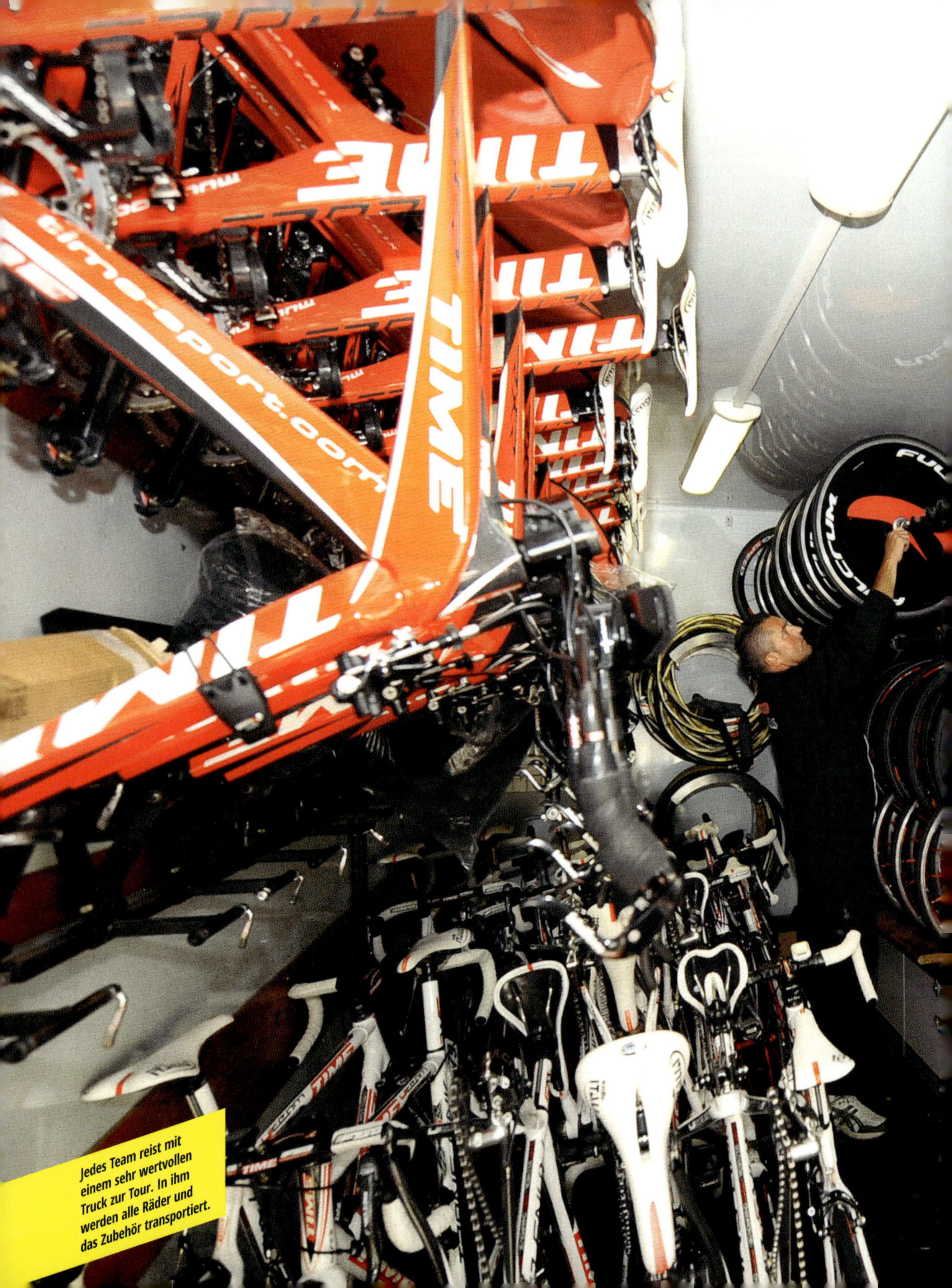

Jedes Team reist mit einem sehr wertvollen Truck zur Tour. In ihm werden alle Räder und das Zubehör transportiert.

RACING
SPEED

Vom Hochgebirge über Kopfsteinpflasterpassagen bis hin zum Zeitfahren: Für jede Disziplin steht ein anderer Radtypus bereit.

KAPITEL 1

TOUR-RÄDER

Moderne Rennräder sind leicht und schnell, und sie sehen sensationell gut aus. Unter ihrer Haut aus Carbon-Faser sind sie robuster und zuverlässiger als ihre Vorgänger aus Stahl und Aluminium. Zwar würde ein Rennrad völlig ausreichen, aber der Konkurrenzdruck bei der Tour ist so hoch, dass die Fahrer für jeden Etappentyp auf unterschiedliche Räder zurückgreifen. Wenn jede Hundertstel Sekunde zählt, kann das Rad, das am besten für die Bedingungen geschaffen ist, den Unterschied zwischen Sieg und Niederlage ausmachen.

FLACHETAPPEN

Flaches sowie welliges Terrain machen den größten Teil der Tour-Etappen aus, die über 200 Kilometer führen und mehr als fünf Stunden dauern können. Die Straßen variieren von breit und gerade bis zu schmal und kurvig. Die Fahrer kämpfen vorn um die beste Position oder verfolgen das Geschehen eingezwängt in der Mitte des Felds.

In der ersten Woche ist jedes Team darauf erpicht, einen Etappensieg zu holen oder den Gesamtklassementfahrer für den späteren Verlauf zu schützen. Das Stresslevel ist enorm, wenn die risikofreudigen Fahrer um den Etappensieg kämpfen, während sich die vorsichtigen Teams vorn einordnen und so einen Massencrash zu vermeiden suchen. Dann braucht es ein Rad mit tadellosem Handling, das gleichzeitig ein gewisses Maß an Komfort besitzt sowie griffige, sensibel reagierende Bremsen.

Die Aerodynamik bestimmt das Design: Die Rahmen sind windkanalerprobt, die Bowdenzüge verlaufen innen, die Laufräder schneiden durch den Wind. Alle Komponenten müssen den Vorgaben der Union Cycliste Internationale (UCI), des Internationalen Radsportverbands, entsprechen. Außerdem müssen sie auch bei sehr windigen Bedingungen sichere, vorhersagbare Eigenschaften aufweisen. Ein Fahrer, der bei der Wahl der Aero-Laufräder danebengreift, wird seine Entscheidung bereuen, wenn starke Seitenwinde auftreten.

▶ **Scheibenbremsen sind zunehmend an den Rennrädern bei flachen Sprintetappen der Tour zu finden.**

AERO-RAHMEN

Die Forschung im Windkanal ist der Grund dafür, dass die einzelnen Bestandteile moderner Rennradrahmen eleganten Tragflächen ähneln. Sie sind so beschaffen, dass sie nur minimalem Luftwiderstand erzeugen. Die Regularien schreiben vor, dass bei den Rohren das Verhältnis von Höhe zu Breite den Faktor drei nie überschreiten darf. Im Profil entspricht der Rahmen eines Rennrads immer noch der traditionellen Diamantform – wie schon vor 100 Jahren.

GABEL

Gabeln mit Vorrichtung für eine Scheibenbremse sind so konzipiert, dass sie so eng wie möglich unter das Steuerrohr des Rahmens passen. Sie verfügen an einer Seite über Gewinde-Inserts, wo sich die Bremssättel montieren lassen. Eine traditionelle Gabel besitzt offene Ausfallenden für den Reifen, aber moderne Scheibenbremsengabeln kommen teils mit geschlossenen Ausfallenden daher, die an einer Seite offen für eine Steckachse sind. Diese Art der Radbefestigung widersteht den Drehkräften der Scheibenbremse und garantiert einen sicheren und spielfreien Halt.

INTEGRIERTE KOMPONENTEN

Vom Cockpit, wo der Vorbau und die Lenkergriffe am Steuerrohr zusammentreffen, bis ans Ende der Kettenstreben, wo die elektronischen Kabel kaum sichtbar sind, wenn sie im Schaltwerk verschwinden, gibt es praktisch überall integrierte Komponenten. Speziell entworfen für jeden Rahmentypen, sind Vorbau und Lenkergriffe mit dem Steuerrohrkopf bündig und verfügen oft über Befestigungen für Radcomputer oder Einlassungen für Züge und Kabel. Der Vorteil ist sowohl aerodynamischer als auch ästhetischer Natur, der signifikant von einer elektronischen Schaltung unterstützt wird.

LAUFRÄDER

Das Laufrad besteht aus Nabe, Speichen und Felge. Carbon-Faser hat die Aluminiumlegierung von Nabe und Felge ersetzt, und bisweilen auch den Stahl oder die Aluminiumlegierung bei den Speichen. Die einzeln gespannten Speichen verleihen der Felge Stabilität und stellen sicher, dass der Reifen ausgewuchtet ist. Ein Rennrad kann schmalere Laufräder haben, die die Ausfahrt wegen der geringeren Anfälligkeit für Seitenwind angenehmer gestalten. Die Adaption von Scheibenbremsen hat es zudem ermöglicht, die Laufräder nach aerodynamischen Gesichtspunkten mit möglichst niedrigem Gewicht zu formen und so das Trägheitsmoment zu reduzieren. Die Nabe muss über eine Scheibenhalterung verfügen, was Mehrgewicht zur Folge hat, und der Reifen muss die zusätzlichen Drehkräfte einer versetzten Scheibenbremse kompensieren können.

TOUR-TIPP

Rennradreifen sind heute 25 mm breit und nicht mehr wie noch vor einigen Jahren 23 mm. Der erhöhte Komfort bedeutet trotz geringeren Luftdrucks keinen Verlust beim Rollwiderstand.

▼ Ein hochmodernes Rad für eine Flachetappe mit aerodynamischem Rahmen und ebensolchen Komponenten: Kabel oder Züge sucht man (fast) vergebens.

KOPFSTEINPFLASTER UND UNBEFESTIGTE STRASSEN

Eine Etappe mit Kopfsteinpflasterpassagen oder kurzen Abschnitten unbefestigter Straßen kann das Ergebnis einer dreiwöchigen Tour nachhaltig beeinflussen. Die Fahrer für das Gesamtklassement sind selten für die holprigen und berüchtigten Straßen und Anstiege der Eintagesklassiker in Belgien und Nordfrankreich gemacht.

Rennen dieser Art beflügelten die Entwicklung von Rädern, die sich für holprigen Untergrund eignen, auf dem Unfälle oder Reifenpannen alle Ambitionen eines Fahrers zunichtemachen können. Wie heißt es so schön: Man kann die Tour auf dem Kopfsteinpflaster zwar nicht gewinnen, aber ziemlich sicher verlieren. Das Prestige der Tour ist so hoch, dass die Teams ihre Fahrer für eine Etappe auf Kopfsteinpflaster mit einem speziellen Rad ausstatten, wenn sich damit die Chancen erhöhen, dass ihre Leader die Etappe sicher und ohne Verlust wertvoller Sekunden überstehen.

Solch ein Rad muss vor allem zwei Eigenschaften gegenüber anderen aufweisen: Widerstandsfähigkeit in puncto Reifenpannen und Stabilität auf rauem Terrain. Reifen- und Laufradwahl bestimmen Ersteres, Rahmenkonstruktion und Reifendruck beeinflussen Letzteres.

LAUFRÄDER

Die richtige Reifenwahl und der Luftdruck sind die wichtigsten Faktoren, um mit dem Rad heil über Kopfsteinpflaster zu kommen.

▼ Auf einer Etappe mit Kopfsteinpflaster kommt ein Rad mit breiteren Reifen, eher komfortablerem Rahmendesign und Scheibenbremsen zum Einsatz.

Der Standardreifen hat einen Durchmesser von 23 bis 25 Millimeter, während es bei Kopfsteinpflaster auch 27 bis 30 Millimeter sein dürfen. Das zusätzliche Volumen eines breiteren Reifentyps erlaubt einen geringeren Reifendruck, sodass sich stärkere Stöße durch Schlaglöcher oder große Steinbrocken besser absorbieren lassen. Fast ausnahmslos kommen hier Schlauchreifen zum Einsatz (mit vernähtem Reifenmantel), die auf der Felge bzw. dem Laufrad verklebt werden. Sie erfreuen sich mittlerweile bei den Profis großer Beliebtheit, denn sie sind weniger pannenanfällig für den sogenannten Schlangenbiss, wenn der Reifen gegen die Felgenflanken gepresst wird. Außerdem kann man selbst bei einem Platten weiterfahren, bis das Ersatzlaufrad zur Verfügung gestellt wird.

ALUMINIUMKOMPONENTEN

Unfälle sind unvermeidlich bei 176 Fahrern, die sich trichterförmig in einen kopfsteinpflasterbewehrten Feldweg zwängen. Carbon-Faser kann Stöße zwar sehr gut aushalten, aber bei einem Aufprall reagiert das Material sensibel, es bricht und splittert gefährlich. Für solche Passagen tauschen die Mechaniker daher Carbon-Vorbau und -lenker gegen Aluminiumkomponenten aus. Sie sind leichter biegbar und ermöglichen die Weiterfahrt nach einem Sturz.

RAHMENSET

Das Rahmenset besteht aus Carbon-Faser und hat verdickte Bereiche für mehr Steifigkeit; manchmal beinhaltet es auch Elemente von dem Vorzeige-Endurancemodell des Herstellers, das für komfortable Fahrten aller Art ausgelegt ist. Meist fällt hierbei die Geometrie etwas freundlicher aus, die

◀ Damit die Bidons nicht herausspringen, wird vor einer Kopfsteinpflasterpassage der Flaschenhalter mit Gaffa-Tape verstärkt.

Räder beweisen mehr Stabilität im Handling. Gewagtere Konstruktionen beinhalten auch Federung, entweder mit integrierter Dämpfung, speziell geformten Carbon-Rohren oder traditionelleren Mini-Shock-Stoßdämpfern. Nicht jeder Fahrer bevorzugt ein gefedertes Rennrad. Manche begnügen sich auch mit einer Zusatzschicht Lenkerband, um das Gerüttel besser abzufedern.

KOMPONENTEN

Die Mechaniker können Satellitenschalter in der Mitte oder am Ende des Lenkers anbringen, sodass der Fahrer den Gang wechseln kann, ohne die Hände vom Unterlenker nehmen zu müssen. Normalerweise brauchen lediglich Sprinter diese Satellitenschalter, aber wenn die Hand bei einer Bodenwelle abrutscht, droht auf Kopfsteinpflaster ein Sturz.

Die Übersetzung wird ebenfalls angepasst, da auf solchen Etappen eher selten Anstiege im Programm stehen. Die Kassette verfügt dann vielleicht über ein größeres Ritzel mit 25 Zähnen und ein etwas kleineres Kettenblatt mit 44 oder 46 Zähnen. So steht dem Fahrer ein breites Spektrum an Übersetzungen zur Verfügung, und er kann immer noch passabel weiterfahren, sollte der Umwerfer den Geist aufgeben.

ZEITFAHRETAPPEN

Bei der Tour de France macht das Zeitfahren auf zwei oder drei Etappen vielleicht maximal 100 Kilometer aus, was nur etwa vier Prozent der Gesamtstrecke entspricht. Doch diese vier Prozent gehören zu den härtesten und wichtigsten Kilometern im gesamten Rennverlauf. Die ultraschnellen Einzelprüfungen lehren selbst Topfahrer das Fürchten, denn auch sie wissen, dass es keinen Plan B gibt, wenn etwas schiefläuft.

Im Zeitfahren geht es hitzig und kostspielig zur Sache, die Teams waren in neuerer Zeit durch das aerodynamische Wettrüsten gezwungen, in den Windkanal zu gehen. Eine moderne Zeitfahrmaschine gehört zu den spezialisiertesten Rädern im Radsport, nur dazu gedacht, möglichst schnell durch den Wind zu schneiden. Der Fahrer nimmt die aerodynamischste Position ein, die er durchhalten kann.

Ein Rennrad hat viele aerodynamische Features, aber bei der Zeitfahrmaschine nehmen diese extreme Ausmaße an. Auf dem Aero-Lenker legt der Fahrer die Ellbogen ab und verringert so die frontale Angriffsfläche. Die Laufräder verschieben mit einer Vollcarbon-Hinterradscheibe und einem Three- oder Five-Spoke vorn ebenfalls die Grenzen des Machbaren. Ein Zeitfahrrad der Tour de France sieht schon im Stand verdammt schnell aus.

LOW-PROFILE-RAHMEN

Maximale Aerodynamik ist die einzige Anforderung, und so erklärt sich das Unterrohr, das in etwa so dick wie ein Rotorblatt ausfällt, oder das rasierklingen-

▼ Ein durchgängiges Scheibenrad und ein Aufsatz mit Tri-Bars ist nur im Einzel- und Mannschaftszeitfahren erlaubt.

schmale Sitzrohr. Jedes Rohr ist extrem flach oder tragflächenartig geformt, um durch den Wind zu schneiden oder die Luft um Komponenten wie die Bremsen herumzulenken. Viel aerodynamisches Design konzentriert sich auf den vorderen Bereich von der Gabel hoch zum Steuerrohr und dem Arrangement der Tri-Bars. Herausragende Elemente werden möglichst bündig montiert oder abgedeckt.

TRI-BARS

Diese werden für den Fahrer maßgefertigt, sodass die Ellbogen möglichst eng beieinander aufliegen und die Windangriffsfläche reduziert wird. Der Trend geht derzeit zu einer etwas erhöhten Ellbogenposition, sodass die Oberarme näher am Gesicht sind und der Rücken flach ist. Die Bedienknöpfe der elektronischen Schaltung sind am Ende der Bars angebracht oder aber an den Lenkerenden rechts und links der Bars, wo sich auch die Bremsgriffe befinden. Die Lenkergriffe werden dementsprechend auch nur beim Start, an Anstiegen und in engen Kurven genutzt.

BREMSEN

Die Bremsen vor dem angreifenden Wind zu verstecken ist essenziell. Da aber Verkleidungen oder aerodynamische Abdeckungen verboten sind, muss die Vorderradbremse so konstruiert sein, dass sie sich stromlinienförmig einfügt oder hinter der Montagestelle verschwindet. Die Hinterradbremse lässt sich leichter hinter dem Sitzrohr oder der Tretkurbel verstecken. Seit Neuestem finden auch Schreibenbremsen Verwendung – auch sie werden immer aerodynamischer.

LAUFRÄDER

Die Hinterradscheibe ist die Norm beim Kampf gegen die Uhr. Sie besteht üblicherweise aus zwei Lagen geschichtetem Carbon mit einer Felge aus Carbon oder einer Legierung. So kann die Luft perfekt darübergleiten, ohne dass es – wie bei Speichen – zu Luftverwirbelungen kommt. Eine Scheibe vorn verbietet sich, da das Rad bei Seitenwind unkontrollierbar wäre. Daher entscheiden sich die meisten Fahrer für ein konventionelles Speichenrad mit hoher Felgentiefe. Die Speichen sind blattartig oder abgeflacht und bestehen aus einer Aluminium- oder Stahllegierung oder aus Carbon. Alternativ gibt es noch Three- oder Five-Spoke-Carbon-Felgen, die nur minimalen Luftwiderstand bieten, aber schwerer sind und weniger Rückmeldung vermitteln als ein herkömmliches Speichenrad.

ZEITFAHRKOMPONENTEN

Auffällig ist die aerodynamische Trinkflasche, die hinter dem Unterrohr sitzt und es künstlich verlängert. Auf den ersten Blick weniger aerodynamisch fallen dagegen Komponenten wie Sattel und Kettenblätter aus. Aber sie sollen dem Fahrer dabei helfen, in seiner geduckten Aero-Position mittels höherer Gänge auch dauerhaft Geschwindigkeiten von bis zu 50 km/h durchzuhalten. Der stupsnasenartige Sattel resultiert aus Vorgaben, mit denen man gewährleisten will, dass der Fahrer nicht zu weit vor der Tretkurbel sitzt. Mehr Kraft lässt sich erzeugen, wenn der Fahrer genau über oder gar vor dem Tretlager sitzt, sodass ein größeres Kettenblatt montiert werden kann.

BERGETAPPEN

An langen und steilen Anstiegen favorisieren Klassementfahrer und Bergspezialisten ein ultraleichtes Rad gegenüber den etwas schwereren aerodynamischen Modellen. Der Internationale Radsport-Verband hat das Minimalgewicht auf 6,8 Kilogramm festgesetzt. Dennoch ist es möglich, Räder zu bauen, die deutlich weniger wiegen, sodass bei der zunehmenden Verwendung von Scheibenbremsen und Komponenten wie Wattmesser in der Kurbel die Untergrenze nach wie vor seine Berechtigung hat.

Immer häufiger werden auf der Tour außergewöhnliche Anstiege mit extremen Steigungsgraden eingebaut, die für die Zuschauer Spannung bedeuten und ein abwechslungsreiches Rennen garantieren. Kurze Bergetappen sind wie geschaffen dafür, einen unvorhersehbaren Rennverlauf zu erzeugen. Weisen die Anstiege mehr als sechs Prozent auf, hat das 6,8 Kilogramm leichte Rad einen feinen Vorteil gegenüber dem herkömmlichen Aero-Renner, der ein paar Hundert Gramm mehr auf die Waage bringt.

Das Rad der Bergziege ähnelt im Profil dem traditionellen Rennrad. Der Rahmen besteht aus gerundeten Carbon-Rohren und oftmals runder Sattelstütze. Mit schmalen Carbon-Felgen und herkömmlicher Einspeichung sehen die Laufräder konventionell aus. Bis jetzt gibt es nur wenige Räder mit Scheibenbremsen, da sie immer noch schwerer als standardisierte Dual-Pivot-Bremsen mit Kabelzug sind.

▼ **Ultraleichte Laufräder und grammsparende Seilzugbremsen zeichnen ein reines Kletterrad aus.**

LEICHTBAU-RAHMENSET

Vor nicht allzu langer Zeit galt ein Rahmen als ultraleicht, wenn er weniger als ein Kilogramm wog. Heutzutage sind Rahmen und Gabel der magischen Ein-Kilogramm-Grenze sehr nah, aber nur, wenn es ein Nicht-Aero-Design ist, ausgerichtet für herkömmliche Zweigelenkbremsen. Am Aero-Rahmen wird mehr Kohlenstoff verarbeitet, da die Rohre oder Streben komplexer und dicker ausfallen. Zudem benötigt man zusätzliches Material rund um die Stellen, an denen die hydraulische Felgenbremse montiert wird. Spielt der Luftwiderstand keine so große Rolle, kann das Rahmenset eine klassischere Form annehmen: Carbon-Rundrohre mit geringerem Durchmesser und konventioneller Gabel.

LAUFRÄDER

Wie beim Rahmen steht auch bei den Laufrädern der Luftwiderstand nicht im Vordergrund. Die Räder können mit den leichtesten Felgen gebaut werden, die mit Low-Profile-Carbon-Felgen und leichten Schlauchreifen ausgestattet sind. Weniger Gewicht reduziert die Zentrifugalkräfte und ermutigt den Fahrer schon eher zum schnellen Antritt, wenn er auf den steilsten Anstiegen explosiv herausbeschleunigen will. Eine schwere, tiefere Aero-Felge fühlt sich im Vergleich dazu träge an und reagiert auf windigen Abfahrten mitunter sehr nervös. Einziges Manko bei einem konventionellen Rad: Die Ausstattung mit Scheibenbremsen wird noch nicht ernsthaft in Erwägung gezogen, sie wäre noch zu schwer. Fällt dieser Unterschied künftig weg, kann vielleicht noch etwas Gewicht bei der Konstruktion der Laufräder gespart werden.

SCHALTWERK

Übergroße Schaltröllchen sind in den Bergen ein beliebtes Extra. Kompliziert verarbeitet und »bombig« im Aussehen, werden sie aus Aluminium hergestellt und in diversen eloxierten Farben angeboten. Ein Profirad ähnelt zwar dem Topmodell für den Verkauf, aber nur wenige sind mit diesen sehr exotischen, teuren Schaltrollen versehen, mit denen die Kette besser zwischen beiden Schaltröllchen entlanggleitet. Die Keramiklager sind praktisch reibungsfrei. Alle Profiräder profitieren von dieser Modifikation, aber die Psyche des Bergspezialisten kann ziemlich fragil sein, wenn es hoch hergeht und er sicher sein muss, dass nirgendwo am Rad ein wertvolles Wattprozent verloren geht. Vielleicht ein weiterer Grund, warum selbst die Furcht vor minimalstem Scheuern einer falsch ausgerichteten Scheibenbremse für eine Verzögerung beim seriellen Einsatz gesorgt hat.

KOMPONENTEN

Aero-Lenker sind meist tragflächenartig geformt und daher etwas schwerer, außerdem sind sie nicht so komfortabel wie der herkömmliche runde Lenkergriff. Die Sattelstütze aus Carbon kann auch rund sein, schließlich ist das Sitzrohr auch rund. Auf einem steifen Carbon-Rahmen kann ein geringerer Durchmesser bei einer Carbon-Sattelstütze etwas Flexibilität bieten, sodass kleinere Vibrationen abgefangen werden. Ein in die Kurbel integrierter Wattmesser macht das Rad zwar schwerer, ist aber für den Fahrer an langen Anstiegen unabdingbar. Einige Fahrer wissen für jedes Szenario exakt, wie hoch ihre Leistung sein darf, und halten sich an die Vorgaben ihres Radcomputers.

ERSATZRÄDER FÜR DEN NOTFALL

▲ **Die leuchtend gelben Ersatzräder von Mavic sind wie das neutrale Servicefahrzeug ein Blickfang auf der Tour de France.**

Die Tour de France ist das weltweit größte und am besten organisierte Radrennen. Jedes Team hat seine eigenen Teamfahrzeuge, die dem Peloton in einer langen Kolonne folgen. Auf den Teamwagen sind Ersatzräder und -reifen für jeden Fahrer montiert, im Fahrzeug befindet sich ein Mechaniker mit weiteren Ersatzteilen. Sie helfen einem Fahrer bei einer Panne oder einem Unfall, und in 99 von 100 Fällen ist der Fahrer schnell wieder auf der Straße.

Aber es kommt vor, dass kein Teamfahrzeug in der Nähe verfügbar ist, und dann schlägt die Stunde des neutralen Servicefahrzeugs. Auf einer Bergetappe, wenn das Feld in viele Gruppen auseinandergefallen ist, bietet das Mavic-Fahrzeug oder ein Roller mit Ersatzrädern oft die einzige Unterstützung in Reichweite. Bei einer Kopfsteinpflasterpassage mit vielen weit verstreuten Einzelfahrern und kleinen Gruppen können ähnliche Situationen entstehen, die sich zur Katastrophe auswachsen, wenn die Teamfahrzeuge nicht einmal kleine Gruppen oder in engen Straßen überholen können. Meist muss nur ein einzelnes Laufrad ausgetauscht werden, aber manchmal braucht der Fahrer auch ein komplettes Ersatzrad.

Für Mavic ist es unmöglich, Ersatzräder für all die verschiedenen Systeme moderner Rennräder vorzuhalten. Die Tage, als das Peloton bei der Tour buchstäblich auf identischen Rädern fuhr, sind lange vorbei. Heutzutage gibt es unzählige Pedalsysteme, Schaltgruppen, Bereifungen und Bremssysteme. Mit Platz für sechs Ersatzräder auf dem Dachgepäckträger kann Mavic nicht mehr tun, als einem gestrandeten Fahrer eine begrenzte Anzahl an Rahmengrößen und Pedalsystemen anzubieten. Sind alle Versuche zum Scheitern verurteilt, findet notfalls der Mechaniker auf dem Rücksitz eine schnelle Lösung, denn selbst wenn der Fahrer ein gutes Stück hinter dem Sieger ins Ziel kommt, ist allein das Überfahren der Ziellinie eine Art Sieg bei der Tour.

RAHMEN

Ursprünglich aus Aluminium, wird mittlerweile ein Rahmen aus Carbon verwendet, oftmals ein ehemaliger aussortierter Wettkampfrahmen. Es gibt sie in verschiedenen Größen, jeweils mit zwei Flaschenhaltern, die leer sind, da der Fahrer meist seine Trinkflaschen umsteckt. Der Rahmen erstrahlt im leuchtenden Mavic-Gelb, genauso wie Autos und Roller. Ausgestattet mit einer Mittelklasse-Schaltgruppe und schwererer Sattelstütze, überschreitet das Gesamtgewicht weniger als ein Kilogramm gegenüber den leichtesten Tour-Rädern.

TELESKOPSTÜTZE

Zeitraubendes Herumschrauben mit einem Inbus, um die Sattelstütze zu justieren, ist nicht nötig. Die modifizierte Version der absenkbaren Sattelstütze bietet beim Hub ein Spektrum von 65 Millimetern und kann während der Fahrt vom Fahrer selbst angepasst werden. Übt er leichten Druck auf den Sitz aus und zieht an einer Art Schlaufe, fährt die Sattelstütze nach unten, ähnlich wie ein Bürostuhl. Hebt er sein Gesäß an, so fährt die Teleskopstütze aus.

▲ Ist der Fahrer gezwungen, auf ein Mavic-Ersatzrad zu steigen, dann sind alle Möglichkeiten ausgeschöpft und sein Teamfahrzeug jwd!

PEDALE

Ein anderer Sattel, ein anderer Lenker? Der Sitz ist zu hoch oder zu tief? Schaltung oder Bremse fühlt sich fremdartig an? Mit all dem kommt ein Fahrer zurecht, die Sitzhöhe lässt sich nachjustieren, der Rest ist Gewöhnungssache. Aber sind die Pedale nicht kompatibel mit den Cleats des Fahrers, dann lassen sie sich unmöglich einrasten, und die Schuhe rutschen von den Pedalen, sobald Druck ausgeübt wird. Dies hat einige Zeit Kopfzerbrechen bereitet, bis erst kürzlich einige der Ersatzräder zusätzlich mit veralteten Pedalen mit Pedalkäfig und Riemen ausgestattet wurden. So kann wenigstens der Fuß fixiert werden. Mittlerweile montiert Mavic die Räder mit einem der drei populärsten Pedalsysteme.

KOMPONENTEN

Einer elektronischen Schaltung bedarf es nicht am Ersatzrad – die herkömmlichen, mit Zügen betriebenen Schaltungen funktionieren fast genauso gut, zudem kann die Batterie nicht schwächeln. Die Schaltgruppen der Mittelklasse, die an den Mavic-Rädern verbaut sind, bieten fast die gleiche Leistungsspanne bei einem zu vernachlässigenden Mehr an Gewicht.

Dasselbe gilt für Aluminiumlenker und -vorbau sowie für die konventionellen Dual-Pivot-Bremsen. Die markenrechtlich geschützten Carbon-Laufräder von Mavic sind mit Schlauchreifen bezogen und stammen von diversen Teams aus der Vorsaison, die Mavic genau für diesen Zweck überlassen werden.

Der »Service Course« ist das administrative Hauptquartier eines Teams. Hier werden die Räder für die kommende Saison montiert.

KAPITEL 2

MONTAGE DER RÄDER

Jedes Jahr vor der Tour machen alle Teams Überstunden, um ihren Fuhrpark und die Ersatzteile für das größte Rennen im Jahr vorzubereiten. Die Tour hat ein so hohes Prestige, dass viele Teams mit nagelneuen Rädern antreten, von denen einige weltweit erstmalig präsentiert werden. Das Interesse an neuen Modellen und selbst an Standardrennrädern erreicht im Juli seinen Höhepunkt, und die Publicity ist enorm. All diese Rennmaschinen sind in den Wochen vor der Tour von den Mechanikern montiert und eingestellt worden.

Die Lager und Werkstätten sind in anonymen Gebäuden in Industriegebieten, verteilt über ganz Europa, untergebracht, wo die schnellsten und exotischsten Räder der Welt montiert und gelagert werden. Willkommen im Hauptquartier »Service Course« der weltweit besten Mannschaften! Vielleicht gibt es eines in Ihrer Heimatstadt, und Sie wissen es nicht. Zurückhaltung schadet bei der Menge an teils unersetzlichem Equipment nicht. Tatsächlich aber wäre es wohl schwer für den Radsportfan, die bunten Teamfahrzeuge, Trucks und Busse zu übersehen, die ständig dort wegfahren und ankommen. Das Arbeitspensum liegt ganzjährig bei sieben Tage die Woche.

Die Hauptquartiere finden sich meist in den Außenbezirken einer Stadt, mit direktem Zugang zu einer Autobahn und einem Flughafen in Reichweite. Die Profession Radsport ist ständig in Bewegung, nicht nur zwischen den diversen Rennen in Europa, sondern über alle Kontinente verteilt. Die Rennen sind internationaler ausgerichtet als je zuvor, und das gilt auch für das Personal. Fahrer und Belegschaft müssen den »Service Course« ohne Schwierigkeiten erreichen können.

Oftmals repräsentiert die Ortswahl des Hauptquartiers die nationale Eigenart des Teams, und mit Angestellten aus der Region und Fahrern, die sich dort niederlassen, sind Identität und Charakter stark mit einem Land oder einer Region verwurzelt. Dies gilt noch immer für einige Teams und lässt sich oftmals an ihren Anhängern ablesen, die sie genauso heißblütig und loyal wie Fußballfans unterstützen. Andere Teams wiederum sind in ihrer Ausrichtung und Zusammenstellung so international, dass ihr »Service Course« für die Fans, die aus der ganzen Welt kommen, keine Rolle spielt.

Das Mannschaftshauptquartier ist Fabrik, Lager und Büro in einem. Hier findet sich der gesamte Besitz und die Logistik, mit Mitarbeitern im Innendienst, die alle Reisen und Unterkünfte organisieren. Für Fahrer und Belegschaft gibt es extra Räume für Teambesprechungen, zudem sind Parkplätze für alle Teamfahrzeuge vorhanden.

▶ Im »Service Course« befindet sich auch eine geräumige und voll ausgestattete Werkstatt.

▶▶ Die nackten Rahmen zur Rechten; links aufgereiht sind die fertig montierten Rahmen.

FACTOR
SLICK

MONTAGE DER RÄDER

DIE NEUE RADSAISON

Die Mechaniker der Teams treffen sich nicht ständig, sondern kommen nur in der Saisonpause zusammen, wenn die Räder für die neue Saison montiert werden. November und Dezember eignen sich hierfür bestens und verschaffen den Mechanikern eine kurze Pause nach den letzten Rennen im Oktober. In diesen Zeitraum fällt auch die Anlieferung der neuen Rahmen, Schaltgruppen und Finishing-Kits. Außerdem stehen dann neue Räder für die ersten Trainingslager im Dezember und Januar bereit. Manche Teams trommeln all ihre Mechaniker für eine Woche gegen Ende des Jahres zusammen, um sich intensiv der Montage zu widmen. Eine gute Gelegenheit für alle, Versäumtes nachzuholen, Erfahrungen auszutauschen und auch mal gemeinsam essen zu gehen.

Die Zeit eignet sich zudem für alle Ausrüster und Partner des Teams, um Präsentationen und Seminare vor der versammelten technischen Abteilung abzuhalten. Jedes Jahr gibt es Updates zu Rahmen, Laufrädern und Komponenten, für die es vielleicht neuer Werkzeuge und Schulungen bedarf. Das gilt besonders in der Ära der elektronischen Komponenten, die noch relativ neu auf dem Markt sind und ständig auf den aktuellsten Stand gebracht werden.

TOUR-TIPP

Die neuen Straßen- und Zeitfahrräder werden oft im Juni bei Rennen wie dem Criterium du Dauphiné oder der Tour de Suisse präsentiert.

In dieser Periode gegen Ende des Jahres bekommen die Fahrer, die dem Team erhalten bleiben, eines der Räder, um zu Hause trainieren zu können, während die Neuzugänge ein Team-Ersatz- sowie Zeitfahrrad erhalten, bis auch sie die auf ihre Anforderungen exakt abgestimmten Rennmaschinen bekommen. Sind die neuen Räder montiert, wird jedem Fahrer mindestens eine Rennmaschine, ein identisches Ersatzrad sowie eine Zeitfahrmaschine zugewiesen, während sich die Stars über mehrere Straßenräder sowie wenigstens zwei Zeitfahrräder freuen dürfen.

Im Vorfeld der ersten Trainingscamps müssen also zahlreiche Räder montiert werden. In der Woche, in der alle Mechaniker mit Hochdruck im »Service Course« arbeiten, bauen sie bis zu 100 Räder auf, meist Straßen-, aber auch Zeitfahrmaschinen.

Die Mechaniker stellen zudem verschiedene Laufradpaare zusammen, wobei sie die Montage nicht mehr von Grund auf übernehmen, da die meisten Laufräder mit Carbon-Felge fertig vom Hersteller geliefert werden. Dennoch brauchen 50 Paar neue Carbon-Räder eine Klebeschicht, damit anschließend die Schlauchreifen aufgezogen werden können. Gegebenenfalls montieren die Mechaniker auch einige Trainingsfelgen auf traditionelle Weise mit Speichen und Nabe und justieren die Felge dann mit einem Speichenschlüssel. Dieses von Hand gefertigte Laufrad ist dann aber genauso gut wie jedes andere.

Zu Jahresbeginn versammeln sich die Teams in Trainingslagern in Südeuropa oder im noch ferneren Ausland. Das mediale Interesse ist hoch, denn die Fans sind sehr neugierig auf die neuen Mannschaftsfarben- und räder. Nach der Montage des ersten Schwungs Räder und dem Saisonstart im Februar werden weitere Maschinen zusammengebaut – nicht nur, um den regulären Fuhrpark aufzustocken, sondern auch für spezielle Rennen wie Strade Bianche oder Paris–Roubaix, die beide sowohl mit Schotterpisten als auch mit Kopfsteinpflasterpassagen aufwarten.

Die Räder für diese Rennen sind unter Umständen mit Scheibenbremsen, breiterer Bereifung oder gar kleinen Stoßdämpfern versehen, um mit den Stößen und Schlägen sowie den mitunter widrigen Bedingungen der Frühjahrsrennen klarzukommen (solche Räder sind meist nur wenige Mal pro Jahr im Einsatz und selbst bei der Tour nur auf Etappen mit Kopfsteinpflasterpassagen). Das erklärt, warum ein Team mit rund 30 Fahrern im Verlauf einer Saison bis zu 240 Räder in Training und Wettkampf verschleißt.

Einige der begehrtesten Räder sind die der Tour de France, ein Mix aus bestehender Saison und neuen Modellen. Sie werden oftmals bei Veranstaltungen wie dem Criterium du Dauphiné oder der Tour de Suisse präsentiert, den Vorbereitungsrennen im Juni. Da die Mechaniker in den Monaten vor der Tour ständig auf Achse sind, werden einige von den neuen Bikes erst in der Werkstatt des Tour-Trucks montiert. Es gibt ein kleines Fenster von zehn Tagen vor der Tour, wenn letzte Montage-Arbeiten sowie Vorbereitungen im »Service Course« durchgeführt werden, bevor sich das Team auf den Weg zum größten Ereignis des Jahres macht.

◣ **Im Juni werden oftmals die neuen Räder für die Tour getestet – hier beim Criterium du Dauphiné.**

▼ **Rennen auf Kopfsteinpflaster wie dieses bei Paris–Roubaix werden mit speziellen Rädern bestritten. Sie kommen gegebenenfalls auch bei der Tour noch einmal zum Einsatz.**

DIE MONTAGE

Alles beginnt mit dem nackten Rahmen, frisch aus der Verpackung, lediglich Dual-Pivot-Bremsen und Gabel sind bereits angebracht. Der Montageständer fixiert das Rad idealerweise an Gabel und Tretlager. Die Mechaniker arbeiten als Team beim Aufbau zusammen und bilden eine Montagekette, denn einige Jobs, wie das Aufdröseln des Kabelsalats bei der Elektrik, sind eine delikate und zeitfressende Arbeit, die am besten vor dem Anbringen der mechanischen Teile erledigt wird.

Der gewindelose Steuersatz ist bereits eingesetzt, aber der unbearbeitete Gabelschaft muss noch gekürzt werden. Dies geschieht in Abgleich mit dem Set-up des Fahrers, das vorgibt, wie hoch der Lenker positioniert wird. Mit Sägeführung an der exakten Schaftlänge trennt der Mechaniker den überschüssigen Teil des Schafts ab, wobei die Sägeführung eine saubere Schnittkante gewährleistet. Mit einem Werkzeug zum Anfasen oder einer Feile werden raue oder scharfe Kanten am Schaft bereinigt.

Dann werden die Kurbelgarnitur an der Lagerschale und das Schaltwerk an den hinteren Ausfallenden angebracht. Der Lenker, entweder bestehend aus Vorbau und Lenker oder aus einer integrierten Lenker-Vorbau-Einheit, wird auf das frei liegende Gabelschaftrohr montiert. Die Schraube der Steuersatzkappe wird leicht auf dem Steuersatzlager angezogen, danach folgen die Vorbauschrauben.

▲ Die Achswelle wird vor der Montage mit Buchsen-Lagerkleber versiegelt.

▶ Der »Service Course« fungiert auch als Treffpunkt für Team und Geschäftspartner.

Anschließend werden die Kabelhüllen, Züge oder hydraulischen Züge für Bremsgriffe, Bremsen und Umwerfer montiert. Dieser Vorgang gehört zu den komplexesten und zeitraubendsten Aufgaben des gesamten Aufbaus und wird meist im Vorfeld der finalen Montage erledigt.

MASSGESCHNEIDERT

Spezielle Montageständer dienen dazu, die korrekte Position der Bremsgriffe zu ermitteln, die zunächst mit gelockerter Klemmschelle auf die Lenkerenden geschoben werden. Diese Vorrichtung mit horizontal und vertikal verrückbaren Leisten wird so eingestellt, dass die Spitzen der Schalt-/Bremsgriffe touchiert werden. Von hier aus wird die korrekte Position der Hebel ermittelt und die Klemmschelle fest angezogen. Die korrekte Ausrichtung ist entweder in einem Computer oder Smartphone gespeichert.

Auf das bereits verbaute Tretlager wird der Kurbelsatz montiert (Lagerschalen und Kurbeln), dann werden die Kurbelarme mit der Sicherungsplatte gesichert und im letzten Schritt die Pedale angebracht. Es folgen die Bremsschläuche, die auf Länge gebracht und am Lenker mit Tape

▲ **Wenigstens einmal im Jahr kommen die Mechaniker in den Genuss der geräumigen Indoor-Werkstatt im »Service Course«.**

TOUR-TIPP

Unbenutztes Equipment der aktuellen Saison – besonders Rahmen, die im kommenden Jahr ausgetauscht werden – findet noch Verwendung für das Winter- und Saisontraining zu Hause.

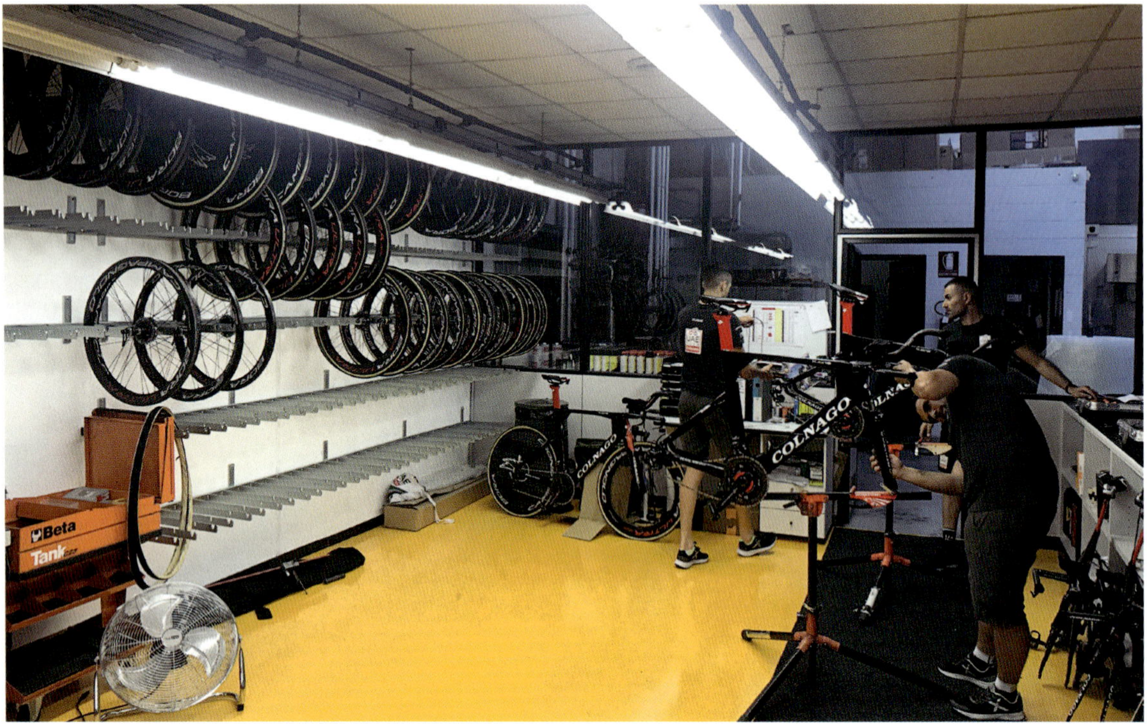
Beta
COLNAGO

Beta
Beta
Emirates
COLNAGO
CAMPAGNOLO
CAMPAGNOLO
ULTRA

▲ Die Räder erstrahlen jedes Jahr in neuen Farben, selbst wenn Aufbau und Komponenten unverändert bleiben.

◀ Nach den Montagearbeiten werden Rahmen und Laufräder für die Rennen separat im Truck verstaut.

befestigt werden, bevor die Bremszüge in den Bremsen eingefädelt und festgezogen werden. Mit Spezialwerkzeug werden die Schaltzüge montiert, wobei dieser Schritt bei einer elektronischen Schaltung entfällt.

Mit dem Hinterrad wird auch eine neue Kette angebracht und so justiert, dass sie nicht abspringt. Die Batterie ist meist schon verbaut, oftmals in der Sattelstütze, von wo aus die Verkabelung hinunter zum Tretlager baumelt. Die Verteilerdose kann ebenfalls integriert oder unterhalb des Vorbaus montiert werden. In der Set-up-Funktion werden die Gänge eingestellt und dann nochmals geprüft, indem die Laufeigenschaft der Kette auf dem großen und kleinen Kettenblatt getestet wird. Bei einer herkömmlichen Schaltung mit Schaltzügen wird das Feintuning an den Stellschräubchen am Schaltwerk vorgenommen, der Testvorgang bleibt derselbe.

Dann wird der Sattel montiert und mittels Vorrichtung in Höhe, Winkel und Position über der Sattelstütze auf den jeweiligen Fahrer abgestimmt. Trinkflaschenhalter werden an Sitz- und Unterrohr verschraubt, und das Lenkerband wird angebracht. Nach der Montage des Vorderrads stellen die Mechaniker das Rad auf den Boden und prüfen, ob Bremsen und Bremsbeläge korrekt justiert sind. Bei einer Scheibenbremse darf die Scheibe nicht am Bremsbelag schleifen, ansonsten wird sie neu ausgerichtet.

◤ Die Montage einer Zeitfahrmaschine dauert länger als bei Straßenrädern.

◀ Speziell angefertigte Montageständer dienen dazu, jedes Rad exakt auf die Maße des Fahrers abzustimmen.

Auf diesem Pinarello F10 X-Light gewann Geraint Thomas die Tour de France im Jahr 2018.

KAPITEL 3

TECHNIK NACH MASS

Aus ein paar Metern Entfernung sieht ein Tour-de-France-Rad, abgesehen von der Startnummer, wie jedes andere Rennrad der Spitzenklasse aus. Ein sehr teures Rennrad, schon richtig, aber wie immer bei professionellen Rennrädern stammen Rahmen und Komponenten größtenteils aus der Massenproduktion und sind in jedem Fahrradladen oder online erhältlich. Bei genauerem Hinsehen entdeckt man allerdings zahlreiche versteckte Unterschiede zwischen einem authentischen Tour-Rad und einer Replika, die von einem Enthusiasten nachgebaut wurde.

TECHNIK NACH MASS

DAS RAD DES SIEGERS

▲ **Tour 2018: Auch das Rad des Fahrers in Gelb unterscheidet sich dank der Beschriftung von den Rädern der Teamkollegen.**

Geraint Thomas gewann die Tour 2018 auf einem Pinarello Dogma F10 X-Light. Schaltgruppe (Dura-Ace Di2) und Laufräder stammten von Shimano, Lenker und Vorbau von Most, der Sattel von Fizik und die Reifen von Continental. Thomas entschied sich für das X-Light und nicht für den regulären Dogma-F10-Rahmen. Obwohl es nicht so aerodynamisch wie andere Aero-Straßenräder bei der Tour ausfällt, ist das X-Light genau an den richtigen Stellen aerodynamisch, jedoch ohne Kompromiss bei Fahrqualität, Handling oder Stabilität bei Seitenwind. Mit seinen Laufrädern und den relativ schmalen Carbon-Felgen ist das X-Light eine unglaublich leichte, aber vielseitig einsetzbare Maschine, die sowohl für hohe Geschwindigkeiten auf langen Flachetappen wie auch für explosive Antritte auf kurzen Bergetappen wie geschaffen ist.

ABGESÄGTE SATTELSTÜTZE

Der Rahmen des X-Light ist leichter und steifer als der Standard beim F10. Dank leichterer Carbon-Fasern und ohne Beschriftung (die bis zu 100 Gramm ausmachen kann), wiegt Thomas' Rahmen 760 Gramm. Zusammen mit der 330 Gramm schweren Gabel bringt der komplette Rahmen gut ein Kilo auf die Waage. Damit zählt er nicht zu den leichtesten im Feld, was vielleicht erklärt, warum ein paar Zentimeter von der Sattelstütze abgesägt und so ein paar Extragramm gespart wurden.

Es sind vielleicht nur 30 Gramm, die aber perfekt die Philosophie der »kleinen Schritte« vom Team Sky illustrieren. Kleine, aber fortwährende Verbesserungen mögen – isoliert betrachtet – kaum einen messbaren Nutzen bringen, aber jede Modifikation bedeutet einen weiteren Kick in Richtung überprüfbarer Leistungssteigerung.

Daneben gibt es ein mächtiges psychologisches Element hinsichtlich so einer kleinen Verbesserung wie einer abgesägten Sattelstütze. In einem Rennen wie der Tour, wo die körperlichen Unterschiede zwischen den besten Klassementfahrern hauchdünn sind, werden die Rennen im Kopf gewonnen oder verloren. Vertraut der Fahrer seinem Mechaniker, dass er alles unternimmt, um das Rad so leicht und schnell wie möglich zu machen, dann kann das den Unterschied zwischen einer sieg- oder verlustreichen Attacke auf den letzten 500 Metern einer Bergankunft bedeuten.

BATTERIE IN DER SATTELSTÜTZE

Die frühen Versionen der Shimano Di2 besaßen noch externe Batterien von der Größe einer Zigarettenpackung, die hinter einem Flaschenhalter oder direkt vor der Tretkurbel befestigt waren. Somit war die Batterie den Elementen ausgesetzt und konnte beschädigt werden oder bei einem Sturz abbrechen. Die aktuelle Batterieversion ist zigarrenförmig und lässt sich im Rahmen oder – wie beim Pinarello – in der Sattelstütze integrieren. Sie passt perfekt und spart durch die Befestigung mit Klebstoff etwas Gewicht ein. Um die Batterie zu laden, muss die Sattelstütze nicht abgenommen werden. Das Ladegerät wird an eine Anschlussdose oder den Ladeanschluss am Unterrohr oder Lenker angeschlossen.

Um die Batterie herauszunehmen, muss man sie sanft herausbrechen, indem man

die Klebstoffversiegelung von der Sattelstütze löst. Doch die Batterie wird mit Sicherheit die Nutzungsdauer der Sattelstütze im Team überleben und damit eher zum Problem für den Folgebesitzer.

AUFKLEBER FÜR DIE SITZHÖHE

Sattelstützen müssen manchmal herausgenommen werden, um die Batterie zu ersetzen oder die Sitzhöhe während des Rennens zu korrigieren. Normalerweise verändert sich die Sitzhöhe nicht mehr. Sobald sie vermessen ist, wird an der Nahtstelle zwischen Sattelstütze und Rahmen ein Sticker aufgeklebt. Vermessung und Prüfung der korrekten Position sind somit sichergestellt.

Der Sticker zeigt auch an, ob sich die Sattelstütze im Einsatz gegebenenfalls bewegt hat, was mit Komponenten aus Carbon schnell einmal passieren kann. Sie sind sehr fragil und sollten nicht zu hohen Klemmkräften ausgesetzt werden. Viele Mechaniker tragen daher eine spezielle Carbon-Paste auf, die den Grip innerhalb des Sitzrohrs verstärkt.

SATTELMARKIERUNGEN

Der Sattel hat Markierungen auf der Sitzfläche, um dem Mechaniker zu helfen, den Sattel korrekt zu positionieren. So wird der Sattel in Höhe und Abstand zum Lenker akkurat ausgerichtet. Thomas' Sattel zeigt

A. Gekürzte Sattelstütze.

B. Verklebte Batterie.

C. Aufkleber für Sitzhöhe.

D. Mittige Sattelmarkierung.

leicht nach unten, was seiner Fahrweise mit großen Gängen entgegenkommt.

SATTELKLEMME

Das spezielle Feature von Pinarello ist nur bei einigen wenigen Profirädern verbaut. Aufs Minimum beschränkt, hat die Sattelklemme einen groben, prototypartigen Look. Sie ist nur etwas leichter als die herkömmlichen Aluminiumklemmen, aber jede Gewichtseinsparung über dem Schwerpunkt des Rads ist sinnvoll, besonders bei großen Fahrern wie Thomas.

ABDECKSTICKER

Statt einer Abdeckkappe aus Plastik werden Aufkleber über den Kabelöffnungen im Rahmen verwendet, die einige Gramm leichter sind. Eine Plastikkappe müsste auch mit einer Schraube gesichert werden – aber jedes Gramm zählt.

SCHALTAUGE

Maßgefertigte Schaltaugen mit Direct-Mount-Aufnahme erlauben es dem Mechaniker, den Ausleger vom Schaltwerk zu entfernen, was einen Effekt auf die Qualität beim Gang- und Reifenwechsel haben kann. Das Direct-Mount-Schaltauge braucht die gleiche Fünf-Millimeter-Montageschraube, aber ohne Ausleger ist das Set-up starrer. Das erhöht die Präzision beim Umschalten. Zudem werden dadurch Schaltwerk und Schaltröllchen weiter nach hinten positioniert, was die Kettenspannung reduziert und den Reifenwechsel erleichtert.

E. Einfach verschraubte Sattelklemme.

F. Aufkleber ersetzt Kappe.

G. Spezialangefertigtes Schaltauge.

E

F

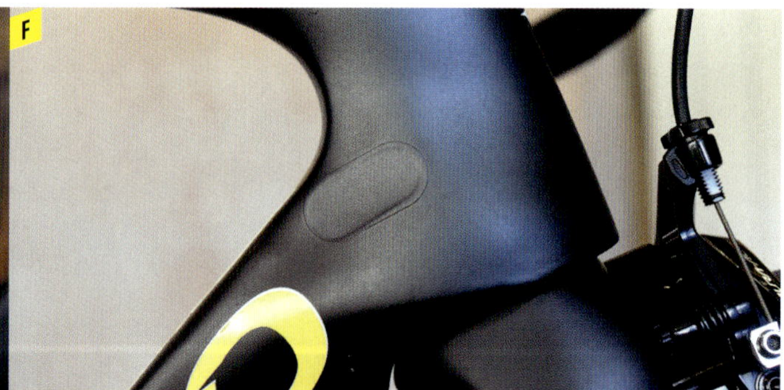

G

K-EDGE-DISTANZRING

Der Kettenfänger von K-Edge sorgt dafür, dass die Kette nicht vom kleineren Kettenblatt abspringen kann, was für den Fahrer ernsthafte Schwierigkeiten bedeuten würde. Außerdem kann die Kette den Carbon-Rahmen beschädigen, sodass der Kettenfänger einer möglicherweise teuren Reparatur vorbeugt. Er fungiert daneben als eine Art Rampe für die Kette und erleichtert das Umschalten auf den Kettenblättern. Auf Thomas' Rad ist der Distanzring für den Kettenfänger montiert, auf den Abweiser selbst wurde jedoch verzichtet.

STARTNUMMERNHALTER AUS CARBON

Keine Komponente, und sei sie noch so klein, entgeht den Augen des Mechanikers, wenn sich dadurch ein paar Gramm einsparen lassen. Es gibt Teile am Rad, wie Rahmen, Lenker und Laufräder, die nicht so leicht sein mögen wie die anderer Hersteller, aber es wird nichts unternommen, was die Festigkeit der Komponente negativ beeinflusst. Deshalb liegt das Augenmerk darauf, das Rad an den Stellen noch leichter zu machen, ohne seine Sicherheit zu gefährden. Im Fall der maßgeschneiderten Startnummernaufhängung wird Carbon statt Aluminium verwendet, und selbst die Ziffern fallen kleiner aus, auch wenn die Organisatoren alles mit einem argwöhnischen Blick beäugen, was den Namen eines Sponsors trägt. Jedem Fahrer stehen ausreichend Startnummern zur Verfugung.

Die Startnummer war ursprünglich hinter der Bremse befestigt, doch sie konnte zerquetscht werden, wenn die Bremsschraube zu stark angezogen wurde, sodass die Bremse nicht mehr 100 Prozent festsaß. Die Montage an der Sattelklemme ist eine saubere und sichere Lösung.

H. Der silberne Distanzring von K-Edge für den Kettenfänger.

I. Startnummernhalter aus Carbon.

TRANSPONDER

Der Transponder ist für alle Fahrer obligatorisch. Mit ihm wird die Zeit angehalten, wenn das Rad die Ziellinie überquert. Der Mechaniker befestigt ihn an der Kettenstrebe. Unter dem Transponder ist noch ein schmaler Streifen Klebeband, um die Befestigung nochmals zu sichern.

TRACKER (UNTERHALB DES SATTELS)

Den Tracker von Dimension Data nutzen alle Tour-Teams. Er übermittelt Geschwindigkeit sowie Position und kann am Fernsehbildschirm gezeigt oder dazu benutzt werden, den exakten Abstand zwischen den Fahrern zu bestimmen. Die Tracker werden seit einigen Jahren eingesetzt. Sie müssen alle drei bis vier Tage aufgeladen werden.

LENKERBAND

Jeder Fahrer hat seine eigenen persönlichen Vorlieben für das Lenkerband. Thomas' Tape ist sehr leicht und verfügt über eine bequeme, angeraute Oberfläche. Es wird an der Lenkermitte verklebt und akkurat zu den Lenkerenden gewickelt. Die Mechaniker wechseln schmutziges oder abgenutztes Band täglich. Das Lenkerband zu kleben ist zwar schwieriger, doch es sieht gut aus und ist Teil des Feinschliffs, der das Rad des Mannschaftskapitäns von den anderen Teammitgliedern abhebt.

SCHNELLSPANNER

Auf der Innenseite des Schnellspannerhebels steht mit Filzstift eine 5 geschrieben. Werden die Räder morgens verladen, müssen

J. Tour-de-France-Transponder.

K. Am Sattel befestigter Tracker.

L. Geklebtes Lenkerband.

J

K

L

bei manchen die Vorderräder abmontiert werden. Die Nummer entspricht der Startnummer. Es ist wichtig, dass jeder Renner sein dazugehöriges Vorderrad erhält, denn den Reifendruck wählt jeder Fahrer individuell aus. Das Rad des Kapitäns wird oft komplett verladen. Das hier gezeigte Vorderrad ist nicht die 8 und wurde wahrscheinlich vor dem Rennen montiert.

MIT LIEBE ZUM DETAIL

Bis Thomas das Gelbe Trikot auf der elften Etappe übernahm, trug sein Rad standardmäßig den Pinarello-Schriftzug in Weiß. Aber von da an wurden die weißen Buchstaben mit gelben überklebt, etwas kleiner als die Originale, sodass sie sich besser gegenüber der weißen Umrandung abhoben. Von Nahem betrachtet, schälen sich die gelben Buchstaben teilweise ab; wahrscheinlich wurde das Rad gerade mit dem Dampfstrahler gereinigt. Das Team hat die Aufkleber bereits vor der Tour produziert, und die Mechaniker haben ungefähr eine halbe Stunde zusätzlich damit verbracht, sie in der Nacht nach der Übernahme des *Maillot Jaune* zu kleben.

M

N

O

NAMENS- UND STARTNUMMERNAUFKLEBER

Thomas' Name sowie eine kleine walisische Flagge finden sich auf dem Oberrohr direkt vor der Sattelstütze, weshalb Mechaniker und Fahrer jedes Rad mit einem Blick ausmachen können – nicht unwichtig, wenn acht Räder und acht Ersatzräder (auf dem Mannschaftswagen) bei jedem Etappenstart zur Auswahl stehen. Natürlich erhält nur ein Rad im gesamten Peloton das gelbe »Sticker-Upgrade«, das die Identifizierung zugegebenermaßen etwas einfacher macht.

Die kleine Nummer auf einem Aufkleber markiert dieses Rad als Thomas' erste Wahl. Ein zweites Rad wird ganz außen auf dem Dachgepäckträger montiert, sodass es der Mechaniker schnellstmöglich abnehmen kann. Ein Fahrer wie Thomas erhält drei Straßen- und zwei Zeitfahrräder für die Tour. Jedes der Straßenräder trägt eine Nummer, und wenn das bevorzugte Rad nicht in einen Unfall verwickelt wird, bleibt es das ganze Rennen über die Nummer eins.

M. Nummerierter Schnellspannerhebel.

N. Gelbe Verzierungen.

O. Aufkleber mit Walisischem Drachen.

Jeder Tour-Mechaniker hat seinen persönlichen Werkzeugkoffer, normalerweise mit Metallgehäuse und Trennwänden.

KAPITEL 4

WERKZEUG

Bei der Tour de France hat jeder Mechaniker seine favorisierten Werkzeuge. Wenn man in eine geöffnete Werkzeugkiste schaut, mit persönlichen Aufklebern und zahlreichen, viel benutzten Tools darin, dann weiß man, dass der Eigentümer nicht weit sein kann und mit Argusaugen seinen wertvollsten Besitz bewacht. Es gibt Standardwerkzeug, das von allen Mechanikern im Team benutzt wird, aber die persönlichen Tools fallen für jeden einzelnen Mechaniker sehr speziell aus – hier mischt sich gewöhnliches Gerät mit Exotischem.

STANDARDWERKZEUG

▲ Inbusschlüssel und Schraubendreher sind die am meisten benutzten Werkzeuge.

INBUS

Mit einem Inbus- oder Innensechskantschlüssel werden die meisten Schrauben an einem Rad angezogen. Jeder Mechaniker besitzt ein ganzes Inbus-Set, entweder als einzelne Schlüssel oder als Multitool. Die häufigsten Größen sind vier, fünf und sechs Millimeter. Sie kommen bei Komponenten wie Lenker, Vorbau, Sattelstütze und Bremsen zum Einsatz, die regelmäßig geprüft und nachjustiert werden müssen. Minderwertiger Stahl oder schlampige Verarbeitung können die Schrauben- oder Schlüsselköpfe beschädigen, sodass es nach einiger Zeit problematisch sein kann, die Schraube überhaupt noch zu drehen.

Ein Inbus gehört zu den Werkzeugen, die die Tour-Mechaniker am häufigsten verwenden. Ein Set aus standardisierten, L-förmigen Schlüsseln ist der Grundstock, der für gewöhnlich aus zehn Teilen zwischen 1,5 und zehn Millimetern besteht. Idealerweise verfügt ein Ende über einen konventionellen Sechskant, während das andere Ende einen kugelförmigen Sechskant aufweist, sodass man den Inbus in einem leichten Winkel ansetzen kann. Außerdem ist es sehr praktisch, wenn jeder Inbus eindeutig gekennzeichnet ist, zum Beispiel farblich, sodass man schneller zum richtigen Schlüssel greift.

INBUS MIT T-GRIFF

Viele Mechaniker haben darüber hinaus Inbusse mit weichem T-Griff, mit einem Schlüsselkopf am Ende der langen Welle und einem kurzen Steck-Inbus an der Seite des T-Griffs. Diese Werkzeuge mit den Plastikgriffen sieht man oft im Werkzeugkoffer eines jeden Mechanikers – mit all den üblichen Abnutzungserscheinungen.

T-Stiftschlüssel sind bei den Profis wegen ihrer vielfältigen Einsatzmöglichkeiten und der zusätzlichen Hebelkraft gegenüber einem Winkelschraubendreher sehr beliebt. Aus gehärtetem Stahl gefertigt, verfügt das Ende über einen Sechskant, während am anderen Ende im rechten Winkel ein weiterer, kürzerer Schaft mit zwei Sechskantenden steckt, beide mit unterschiedlichem Durchmesser. Greift man das lange Ende, lässt sich auf die Schraube ein unterschiedlich starkes Drehmoment anwenden, während man oft auf das T als Griff ausweicht, um fest sitzende Schrauben herauszulösen.

INBUS-STECKSCHLÜSSEL UND TORX

Es gibt einen dritten Typ von Sechskantschlüsseln, die man wie eine Bohrerspitze in einen Drehmomentschlüssel steckt und häufig bei leicht zerbrechlichen Teilen wie Carbon-Faser einsetzt. Die Steckschlüssel oder Bits sind nur ein paar Zentimeter lang, sie werden für Schrauben am Carbon-Lenker und am Vorbau sowie an der Sattelstütze im Carbon-Rahmen verwendet.

Manche Inbusschlüssel sind am anderen Ende mit einem Torx ausgestattet. Der flache Kopf des Innensechsrunds greift die Schraube besser als ein Inbus und ist für höhere Kräfte ausgelegt. Das ist zwar an Rädern grundsätzlich kein Problem, aber der flache Kopf ist sehr praktisch für gewisse Komponenten, darunter relativ enge oder bündige Schrauben an Teilen wie Scheibenbremsen, Halterungen für Bremshebel und Schaltauge sowie Bremsschuhen.

A. Inbusschlüssel-Set.

B. Inbusschraubendreher.

C. Multitool.

D. Inbusschlüssel mit T-Griff.

E. Steckschlüsselset mit Ratsche.

F. Drehmomentschlüssel.

G. Kleiner Drehmomentschlüssel mit Inbus- und Torx-Bits.

H. Einzel-Drehmomentschlüssel.

I. Kleiner Drehmomentschlüssel.

A
B
C
D
RITCHEY
RITCHEY
H
G
E
I
F

▲ Vor Etappenstart macht sich ein Y-Inbusschlüssel ziemlich gut.

A. Schere.

B. Zangen.

C. Kabelschneider.

D. Teppichmesser.

E. Schraubendreher.

F. Rollgabelschlüssel.

G. Universal-Gripzange.

H. Seegeringzangen.

I. Zangenschlüssel.

Torx-Schrauben sind zudem leichter wegen des schmaleren Kopfes. Um die Schraube nicht zu stark anzuziehen, empfiehlt sich die Verwendung des Torx-Bits mit einem speziellen Torx-Schraubenschlüssel. Die typischen Torx-Kopfgrößen, auf die es im Radsport ankommt, sind T10, T25 und T30.

MULTITOOL

Jeder Mechaniker hat ein Multitool in Griffnähe. Das kleine Faltwerkeug mit mehreren Inbussen ist sehr praktisch, wenn weder Werkzeugkoffer noch die mobile Werkstatt in der Nähe sind. Kurz vor dem Start einer Etappe – oder sogar währenddessen! – muss immer mal eine Schraube geprüft oder nachgezogen werden.

ZANGEN

Zangen, Kabelschneider oder Cutter finden sich in jeder Werkzeugkiste, auch wenn sie wegen der elektronischen Schaltung, die fast gänzlich ohne Züge auskommt, weniger häufig vonnöten sind. Das gilt auch für hydraulische Scheibenbremsen, aber die traditionelle Zweigelenkbremse ist nach wie vor beliebt. Zudem müssen Kabel für jeden Rahmen auf die exakte Länge gestutzt werden. Präzise geschliffene Zangenbacken sorgen für saubere Schnittkanten ohne Spleiß. Das offene Draht- oder Zugende wird mit einer weichen Metallkappe geschützt, gute Kabelschneider pressen das Drahtende zusammen und versiegeln es mit einer Klemmhülse.

Kabelschneider eignen sich nicht für hydraulische Bremsschläuche aus gehärtetem Plastik, für die man einen Schlauchschneider mit integrierter Klinge benötigt. Ein Einpresswerkzeug (Needle Driver) schließt das offene Ende der Bremsleitung sauber ab.

Mit dem Präzisionskabelschneider werden die Drähte an der elektronischen Schaltung gekürzt oder modifiziert. Qualitativ hochwertige Scherenwerkzeuge kommen zum Einsatz, um Teile wie Lenkerband oder Plastik-Startnummern zurechtzuschneiden. Ein Teppichmesser zum Schneiden und Schaben rundet das Schneidewerkzeug ab.

SCHRAUBENDREHER

Schlitzschrauben finden sich an modernen Rädern nicht mehr, aber Kreuzschrauben am Schaltwerk. Die kleinen Stellschräubchen bewahren den Mechanismus davor, dass die Umwerfer über das Ziel hinausschießen. Kleine Kreuzkopfschrauben dienen dazu, die Halterung des Fahrradcomputers an Lenker oder Vorbau zu montieren. Allerdings runden die kleinen Schraubenköpfe leicht aus oder sie werden beschädigt. Was kaum bekannt ist: Sie werden oftmals nach JIS gefertigt, dem Japanischen Industriestandard, dessen Abmessungen sich leicht von denen der Phillips-Schraube unterscheiden. Daher hat ein Profimechaniker wenigstens einen JIS-Schraubendreher für diese Art Schraubenkopf, der vor allem an japanischen Schaltungen und anderen japanischen Komponenten verbaut wird.

ZANGENSCHLÜSSEL

Der Zangenschlüssel mag wie ein gewöhnlicher Universalschlüssel aussehen, doch als hochwertige Version dient er auch als Rollgabelschlüssel. Die Zange ist kleiner als die Wasserpumpenzange und hat fein gegossene Greifbacken sowie einen Justiermechanismus. Obwohl sie dieselbe Aufgabe wie ein Rollgabelschlüssel erfüllt, die man bei jeder Art von Mutter oder Auszieh-

werkzeug benutzen kann, ist die Zange schneller einzustellen und sicherer im Gebrauch. Dieses Werkzeug kommt am Rad kaum zum Einsatz, dennoch gehört es zu den Allroundern, die man vielleicht für die Demontage der Kassette braucht oder bei Arbeiten an Steuersatz und Tretlager. Der Rollgabelschlüssel ist ein gutes Allzweckwerkzeug für größere Muttern, die sich nicht nur am Rad finden.

SPEZIALWERKZEUG

LUFTDRUCKMESSER

Normale Radfahrer pumpen ihre Reifen mit einer Standpumpe auf und erhalten den richtigen Druck mittels integriertem Luftdruckmesser. Im Profizirkus und besonders bei der Tour, wo alle Teams auf der Suche nach dem kleinsten Vorteil sind, reicht das nicht – hier kämpft man noch um das letzte Bar.

Jeden Tag wird bei der Tour eine Reifendruckkalkulation erstellt, abhängig von der Regenwahrscheinlichkeit oder dem Straßenzustand, sodass gegebenenfalls etwas weniger Druck in die Reifen gepumpt wird. Dasselbe gilt für Kopfsteinpflaster, wenn die Mechaniker jedes einzelne Rad prüfen und für jeden Fahrer je nach Gewicht und Fahrstil entsprechend weniger Luft hineinpumpen.

Kompressoren sind für Räder mit französischem Ventil die einzige Möglichkeit, den Luftdruck im Reifen präzise zu messen. Es gibt speziell gefertigte Digitalmesser mit einem speziellen Pumpenkopf für die französischen Ventile, die an einem Kompressor mit Digitalanzeige angebracht werden können. Daneben lässt sich mit einem Manometer ein etwaiger Druckverlust ablesen. Diese Kompressoren sind unglaublich genau im Vergleich zu einer herkömmlichen Standpumpe.

KASSETTENABZIEHER

Ein Kassettenabzieher ist eine große Nuss, deren Ende auf den Abschlussring der Kassette gesteckt wird. Um die Kassette auszubauen, muss man das Werkzeug sicher und fest ansetzen. Nun wird der Abschlussring abgenommen, während die Kettenpeitsche verhindert, dass sich die Ritzel mitdrehen. Da dies nicht zu den Aufgaben gehört, die viele Rennfahrer mehrmals pro Jahr machen, spielt es keine Rolle, dass der Vorgang ein paar Minuten dauert, um die Kassette ganz vorsichtig abzunehmen.

Ein Tour-Mechaniker baut bei acht oder mehr Rädern täglich Kassetten aus, und er schätzt jedes Werkzeug, das ihm Zeit erspart. Das spezielle Tool zum Abziehen

A. Digitales Luftdruckmessgerät.

B. Kettenpeitsche.

C. Kassettenabzieher (mit Hebel).

der Kassette sieht simpel aus und ist es auch: eine Nuss in der richtigen Größe, an der ein Griff befestigt ist. Das Tool macht einen separaten Maulschlüssel überflüssig, der auf dem Kassettenabzieher aufgesetzt werden müsste und leicht abrutschen kann.

Eine weitere zeitsparende Innovation ist das übergroße hohle Ende, das über das Ende des Schnellspanners gezogen werden kann, sodass er während des Ausbaus der Kassette am Platz verbleibt. Wie die besten Spezialwerkzeuge ist auch dieses ebenso simpel wie genial (auch wenn der Mechaniker immer noch das Ritzelpaket per Hand in Position halten muss).

Ein weiteres Spezialwerkzeug ist die Kettenpeitschenzange, die ebenfalls einfacher anzuwenden ist als eine traditionelle Kettenpeitsche.

GEWINDESCHNEIDER

Eine Auswahl an Gewindeschneidern zwischen 2,5 bis zehn Millimeter ist nützlich, um Gewinde an Verschleißteilen wie dem Schaltauge zu erneuern. Ein ganz ähnliches Werkzeug, aber weniger aggressiv am Gewinde, wird für das Austreiben und Reinigen des Gewindes von Schmutzpartikeln oder Fettresten verwendet.

CARBON-WERKZEUGE

Große Vorsicht ist angesagt, wenn Rohre oder Gabelschaft gekürzt werden müssen. Sie können splittern und giftigen Staub absondern, wenn die falschen Tools verwendet werden. Eine spezielle Carbon-Bügelsäge sollte eine saubere Schnittkante gewährleisten, bei minimaler Staubentwicklung und dank einer Klemme mit Sägeführung.

D. Herkömmliche Bügelsäge.

E. Schmirgelpapier (trocken und feucht).

F. Sägeführungen.

G. Feilen.

H. Carbon-Säge.

▲ Neues Einsatzgebiet für ausgediente Wasserflaschen: Sie eignen sich hervorragend zum Auftragen des Reifenklebers bei Schlauchreifen.

Ein Entgrater aus der Werkzeugkiste eines Klempners ist ein geniales Tool, das wie eine kleine Plastiktasse aussieht. Darin befinden sich drei Stahlschneider, konkav auf der einen Seite und konvex auf der gegenüberliegenden. Setzt man sie auf dem rauen Ende eines Rohrs auf, wird das Tool von Hand gedreht, und so werden Späne an innerer und äußerer Schnittkante beseitigt.

SCHLAUCHREIFEN KLEBEN

Zu den zeitintensiven, aber nicht so anspruchsvollen Tätigkeiten eines Tour-Mechanikers gehört das Verkleben von Schlauchreifen an der Felge. Dabei sind zwei Schritte nötig, für die es eigener Tools bedarf: Mit Schmirgelleinen oder einer feinen Drahtbürste wird der Lack auf neuen Carbon-Felgen angeraut, während man mit einer Feile eine dünne Schicht Kleber auf dem Schlauchreifen selbst entfernen kann. Felgen mit alten Kleberückständen müssen ebenfalls mit einer Drahtbürste oder einem kleinen Messer gesäubert werden. Beim Kleben haben einige Schlauchreifenkitts einen Pinsel integriert, aber falls nicht, wird der Kleber mit einem flachen Zeichenpinsel in schmalen Schichten aufgetragen. Der Kleber kann auch mittels einer alten Trinkflasche tropfenweise aufgebracht werden. All diese Arbeiten fallen leichter, wenn das Rad in einem Montageständer eingespannt ist.

HILFS-AUSFALLENDEN

Ersatzlaufräder werden auf und im Teamfahrzeug transportiert, sodass sie schnell gewechselt werden können. Um Zeit zu

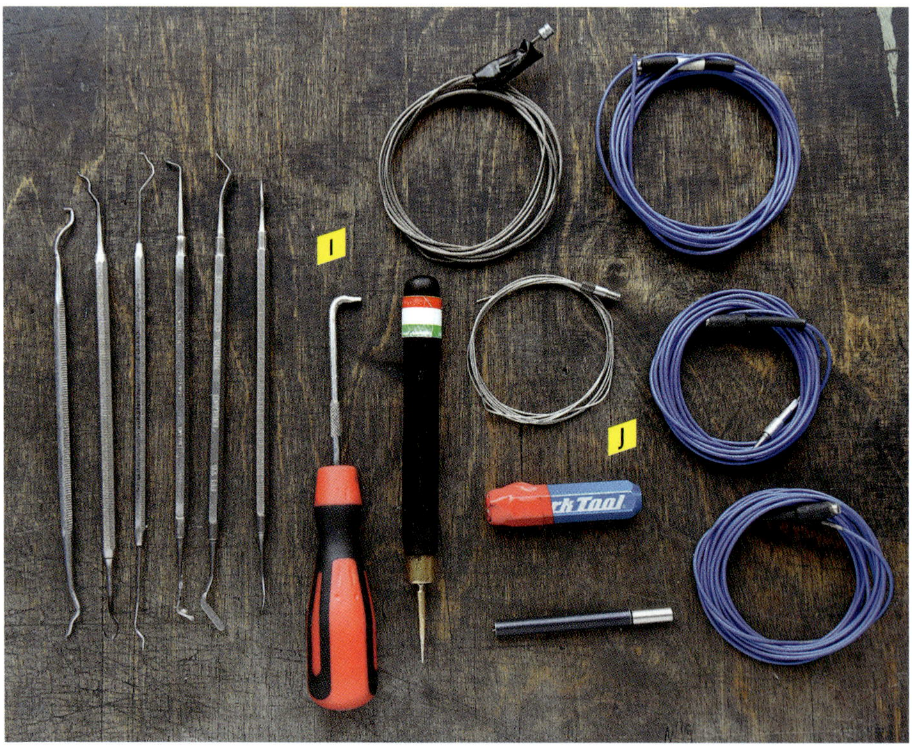

I. Diverse Greifwerkzeuge.

J. Bowdenzüge und Park-Tool-Montageset.

sparen, wenn das Rad am Straßenrand eingespannt wird, stellt der Mechaniker die Schnellspanner der Ersatzräder mit zwei Hilfs-Ausfallenden im Voraus genau ein. So klappt der Radwechsel im Rennen reibungslos. Bei Gabeln mit Steckachse funktioniert das allerdings nicht.

MAGNETE

Ein kleiner Magnet am Ende eines beweglichen Stiels ist nützlich, um heruntergefallene Verschlüsse oder Kappen aufzufischen, besonders wenn sie in der Tiefe des Carbon-Rahmens verschollen sind.

ZANGEN, HAKEN UND ÖSEN

Innen liegende Schläuche, Drähte, Batterien und andere Entwicklungen bringen die knifflige Aufgabe mit sich, in Rahmen und Komponenten integriert zu werden. Daher brauchen Profimechaniker gewisse Werkzeuge, um Schläuche, Klemmen und Batterien zu lokalisieren, zu warten oder zu befestigen. Für schwierige Aufgaben, wie an die Batteriehalterungen heranzukommen, wird ein Paar Seegeringzangen gebraucht. Batterien im Unter- oder Sitzrohr oder an anderen schlecht zu erreichenden Stellen können deren Prüfung und Wartung erschweren. Abgewinkelte Schraubendreher und -utensilien, wie man sie vom Zahnarzt kennt, erweisen sich hier als nützlich.

LAPTOP

Laptops sind angesichts elektronischer Komponenten, die programmiert und ausgelesen werden können, beinahe für jeden Mechaniker zum unverzichtbaren Tool

▼ Notizbücher, angefüllt mit Informationen zu Fahrern und Rad-Set-up, wurden von Laptops abgelöst. Mit diesen lassen sich auch die E-Komponenten konfigurieren.

geworden. Die elektronischen Schaltungen können auf vielfältige Weise konfiguriert werden, von der Geschwindigkeit des Schaltvorgangs bis hin zur individuellen Funktionszuweisung eines jeden Bedienknopfs. Apps und Radcomputer können ebenfalls genutzt werden, um die Funktionen bei der elektronischen Schaltung einzustellen. Aber nicht nur für die Programmierung dürfte der Mechaniker einen Laptop nutzen, sondern auch um detaillierte Informationen zur Radeinstellung sowie jede relevante Komponenten- oder Schaltungsvorliebe der Fahrer abzuspeichern. Moderne Bikefitting-Systeme generieren viel mehr Dateninformationen als die althergebrachten Methoden, die nicht mehr als Sattelhöhe, Reach und Position des Sattels hinter dem Tretlager ausmachten.

ISOLIER-/KREPPBAND

Es ist eines der einfachsten Dinge in der Werkzeugkiste und trotzdem so wertvoll, lässt sich doch darauf etwas vermerken und ans betreffende Teil des Rads kleben. Nehmen wir als Beispiel eine Kopfsteinpflasteretappe: Jede der acht Maschinen eines Teams ist dann vielleicht auf dem Oberrohr mit einem Klebeband versehen, auf dem der Druck für Vorder- und Hinterrad notiert ist. Wenn man an vielen Rädern arbeitet, passiert es schnell, dass man sich eben mal ganz kurz etwas merkt, nur um es gleich wieder zu vergessen. Selbst der Mechaniker im Hauptquartier mag etwas halb erledigt beenden, und dann gilt: aus den Augen, aus dem Sinn. Daher ist ein Stück Kreppband, das die Lackierung nicht beschädigt, ein praktischer Reminder.

DIGITALWAAGEN

Kein Rad darf weniger als 6,8 Kilogramm wiegen. Die UCI pickt während der Tour nach dem Zufallsprinzip Räder heraus und prüft die Einhaltung der Vorgaben. Für Gewichtsrestriktionen und Abmessungen am Rad, speziell bei Zeitfahrmaschinen, sind die Mechaniker verantwortlich. Das erklärt auch ihren Fanatismus, warum sie bei allen Gewichts-, Rahmen- und Lenkerparametern so nah wie möglich an das Limit gehen.

▶ **Jeder Kubikzentimeter im Stauraum des Trucks ist mit allem Notwendigen für die Wartung und Reinigung der Räder vollgestopft.**

▶▶ **Eine robuste Arbeitsschürze sowie wasserfeste Schuhe halten schlimmste Dreckspritzer ab, wenn die Räder nach der Etappe gewaschen und gewartet werden müssen.**

SHIMANO
TechLab

Den Fahrern mag die größte Anerkennung zukommen, aber ohne die Arbeit des ganzen Teams wäre ihre Leistung unmöglich.

KAPITEL 5

TEAM UND EQUIPMENT

Hinter jedem Team mit acht Fahrern steht ein kleiner Trupp bereit, der buchstäblich die ganze Sache in Bewegung hält. Sportliche Leiter, ein Arzt, ein Koch, Masseure und »Mädchen für alles« sind bienenfleißig zugange, wann immer die Mannschaft aufbricht. Es ist beeindruckend, wie diese eng miteinander verknüpften Arbeitsabläufe bei Start und Ziel einer jeden Etappe ineinandergreifen. Die Mechaniker gehören bei den mitreisenden Fans zu den sichtbarsten und populärsten der Equipe.

TEAMMECHANIKER

▲ Zwei Mechaniker arbeiten im Truck, während die anderen beiden in den Teamfahrzeugen mitfahren.

World Tour und Pro-Continental-Teams entsenden die besten Fahrer zur Tour de France. Dasselbe gilt für vier von insgesamt bis zu neun Mechanikern im Team. Das Alter variiert, von älteren Recken mit viel Erfahrung bis hin zu den Jüngeren mit all ihren Fertigkeiten und ihrer Energie, unzählige Überstunden während des dreiwöchigen Rennens zu leisten. Frauen machen zwar einen Teil eines Pro-Tour-Teams aus, aber die Premiere in der Männerdomäne der Radmechaniker steht nach wie vor aus. Bei der Tour zu arbeiten ist das Highlight im Jahr des Mechanikers, aber mit dem Prestige und dem Druck gehen lange Arbeitstage vor und nach der Etappe einher, nicht eingerechnet der mobile Pannenservice im Teamfahrzeug während der Etappe.

Jeder Mechaniker hat seinen eigenen Werdegang, es gibt keinen internationalen Königsweg, um eine Anstellung bei einem Profiteam zu erlangen. Jeder hat die Basics entweder als ehemaliger Rennfahrer gelernt, der selbst am eigenen Rad geschraubt hat, oder in einem Fahrradladen im Heimatland. Mit einer fundierten Ausbildung zum Fahrradmechaniker können sie aber sicherlich alle aufwarten. Ein Mechaniker, der ein exzellentes Leumundszeugnis vorweisen kann, wird vielleicht direkt vom Fahrradladen weg von einem Profiteam engagiert, aber realistisch gesehen, führt ihn der Weg zunächst über ein kleineres Team.

Ein gewisses Interesse – bevorzugt Besessenheit – an Radrennen schadet nicht. Viele Profimechaniker sind selbst als Amateur oder gar auf Profiniveau Rennen gefahren und kennen das Leben auf der Straße mit all seinen Höhen und Tiefen. Die Internationalisierung des Radsports in den vergangenen 30 Jahren hat das Peloton verändert, und dasselbe gilt auch für die Belegschaft eines Teams. Vorbei sind die Tage, als nur Mechaniker aus dem Heimatland des Teams bei der Tour arbeiteten. Mittlerweile kommen sie von beiden Seiten des Atlantiks, und jeder bringt seine eigene Geschichte mit, wie er an den Traumjob gekommen ist.

Was macht einen Tour-Mechaniker aus – abgesehen von der Fähigkeit, wahre Wunder am Rad zu vollbringen? Die Meinungen hierzu gehen natürlich auseinander, aber die meisten würden wohl zustimmen, dass sie das Reisen und die Arbeit im Team lieben. An Rädern in einem Fahrradladen oder zu Hause zu arbeiten kann eine ziemlich einsame Angelegenheit sein, die für manche wie gemacht ist. Bei der Tour hingegen muss man die Dynamik der Zusammenarbeit mit anderen Mechanikern innerhalb eines größeren Teams genießen können. Nur Teamplayer schaffen es zu derartigen Rundfahrten – ein egozentrischer Individualist ist in einer Gruppe, die drei Wochen lang rund um die Uhr zusammenarbeitet, schnell enttarnt. Vielleicht gab es mal eine Zeit, als die Tour-Mechaniker eher unfit daherkamen, in der einen Hand die Zigarette, in der anderen den Schraubenschlüssel. In den alten Zeiten, als die Tour noch nicht so groß war und die Teams weniger Räder mitbrachten, mag der Job zwar genauso zeitintensiv gewesen sein, aber es gab sicher noch keine die Zusammenarbeit mit Öffentlichkeit, Sponsoren und Herstellern. Heutzutage sind die Mechaniker fast so bekannt wie die Fahrer! Wenn sie auf Hotelparkplätzen, am Start oder im Zielbereich arbeiten, sind sie von faszinierten Zuschauern umgeben. Sie sind Teil der Show, vielleicht mit ein Grund dafür, dass sie verstärkt auf ihr Erscheinungsbild achten.

Für die Teamsponsoren und Partner, die ihre Räder und Komponenten zur Verfügung stellen, ist das Geschehen rund um die Tour die wichtigste Zeit im Jahr. Von den Mechanikern wird erwartet, dass sie sich den Fragen der Öffentlichkeit und der Sponsoren stellen. Außerdem helfen sie bei allen Arten von Medienanfragen und haben ein waches Auge auf die Räder, die für Websites und Magazine abgelichtet werden. An den Pausentagen prüfen sie vielleicht das Rad eines Geschäftskunden und optimieren sogar den Renner eines Fahrers aus der aktuellen Region, der mit dem Team eine Runde drehen will. Nur eine Sache schätzen sie gar nicht: Erwarten Sie nie von einem Tour-Mechaniker, dass er Ihnen irgendetwas ausleiht. Die Goldene Regel aller Profimechaniker lautet: Verleihe niemals dein wertvolles Werkzeug.

Die Aufgaben des Mechanikers sind also vielfältiger als nur die Wartung der Räder. Sie müssen die Schuhplatten reinigen und einstellen und die Helme putzen. Sie werden gerufen, wenn es irgendetwas am Teamfahrzeug zu reparieren gibt – von den Fahrradträgern bis hin zu kleinen Blechschäden oder auch mal ein Reifenwechsel. Tour-Mechaniker sind die vielfältigsten Teamplayer, vielleicht sind sie deshalb ausnahmslos optimistische Persönlichkeiten mit unverwüstlich guter Laune.

▼ Der Mechaniker gibt alles und leistet nach einem Reifenwechsel Anschubhilfe.

TEAMTRUCK

Von außen gleicht ein Teamtruck jedem anderen Lkw. Der Fan erkennt ihn natürlich sofort an der Beschriftung: Teamfarben, Sponsoren und Fahrernamen prangen auf dem Anhänger. Aber auf der Autobahn verschwindet der Truck zwischen all den anderen Brummikollegen. Auf der Überholspur hingegen sausen die Teamfahrzeuge mit ihren farbenfrohen Logos vorbei, ein Gewirr aus Rädern und Reifen auf dem Dachgepäckträger. Dem Teambus, der eine ganze Equipe an Spitzenfahrern zu den Etappen kutschiert, haftet mit seinen abgedunkelten Scheiben etwas Geheimnisvolles an. Doch den Teamtruck beachtet kaum jemand, wenn er wie ein gewöhnlicher Lieferant auf den Hotelparkplatz einbiegt.

Bis der Anhänger geöffnet wird. Wartende Fans betrachten staunend die mobile Radwerkstatt, in der die aufgereihten Räder und Reifen möglichst eng gepackt sind. Markisen und Stufen werden ausgefahren und immer mehr Türen geöffnet, die den Blick auf eine zusätzliche Arbeitsfläche hinter der Fahrerkabine freigeben. Die Teambelegschaft, nicht nur die Mechaniker, die die Montageständer aufbauen und Werkzeuge herausholen, sondern auch die Betreuer und zahlreichen Helfer erscheinen, die Taschen voll mit Lebensmitteln, Wäsche sowie weiterer Ausrüstung. Ein betont gelangweilt schauender Wachmann behält die Fanmassen und die teure Ausrüstung,

▼ **Jedes Team besitzt einen großen Lkw, der geöffnet all seine Schätze offenbart: Räder, Werkzeuge und Ersatzteile.**

die der Truck ausspuckt, mit geübtem Blick im Auge. Sein Job beginnt tatsächlich erst später, wenn all die Räder für die Nacht verstaut sind und sich ein Diebstahl für das Team zur Katastrophe auswachsen würde.

Der Teamtruck ist nicht nur das pulsierende Herz der Mannschaft, sondern auch sein wertvollster Besitz. In den Hänger passen bis zu 50 Räder und 120 Reifenpaare – allein diese Stücke können bis zu einer halben Million Euro wert sein. Hinzu kommen 100 neue Schlauchreifen, Schubladen voller Ersatzteile und Spezialwerkzeug. Die gesamte Fracht bildet schon einen bedeutenden Teil vom Jahresbudget des Teams. Es ist daher nur allzu verständlich, dass Maßnahmen zur Verhinderung von Einbruchdiebstahl ergriffen werden.

Weiter hinten im Lagerraum, wo Räder und Reifen verwahrt werden, befindet sich hinter dem Führerhaus eine kleinere Kabine, in der die Küche und der »Waschsalon« untergebracht sind – in Letzterem stehen Waschmaschine und Trockner, um die Trikots aller acht Fahrer nach jeder Etappe waschen zu können. Von jedem Fahrer wird abends ein Wäschesack eingesammelt, im Gegenzug erhält er für den nächsten Tag einen neuen mit frischer Kleidung. In der Kombüse beherbergen ein riesiger Kühlschrank und große Stauräume energiereiche Verpflegung, Snacks und Drinks für die Kalorienzufuhr der Fahrer vor, nach und während der Etappe. In einer größeren Storage-Einheit werden die Bidons der Fahrer verwahrt – in drei Wochen werden Hunderte gebraucht. Die Trinkflaschen werden nicht wie alles andere akkurat verstaut, dafür sind es einfach zu viele, sondern in eine riesige Kiste geworfen, die am Boden eine Luke hat. In den Fächern unterhalb der begehbaren Fläche an den Flanken werden Wasser und Softdrinks gelagert. Falls noch Platz ist, sind hier auch die Rollentrainer verstaut – aber jeder Truck hat einen anderen Aufbau und jedes Team sein eigenes Sortiersystem.

Der Anhänger bietet auch Schutz vor den Elementen, und auf der provisorischen Treppe herrscht viel Verkehr, wenn Mechaniker mit Rädern und Ersatzteilen kommen und gehen. Es gäbe genügend Ersatzteile, um einen kleinen Fahrradladen zu betreiben. Die Kassetten und Kettenblätter hängen aufgereiht, und in Schubladen gibt es alles, was des Schraubers Herz begehrt: von kompletten Schaltgruppen bis zu Verschleißteilen wie Bremsbelägen und Ketten in beträchtlicher Anzahl. Größere Werkzeuge sowie Vorrichtungen zur Montage und Justierung der Räder werden ebenso im Truck transportiert wie die Kompressoren, mit denen die Reifen aufgepumpt und Komponenten getrocknet werden. An zahlreichen Steckdosen können im Nachgang der Etappe die elektronischen Schaltungen aufgeladen werden.

Der größte Teil der Arbeit wird hinter der Ladefläche an Montageständern erledigt, aber es steht wenigstens ein Montageständer mit belastbarem Schraubstock zur Verfügung, falls ein fester Untergrund vonnöten ist, zum Beispiel für Arbeiten an einzelnen Teilen oder das Kürzen von Steuersätzen oder Lenkern. Nicht viele Lkw haben so viel Platz, dass die Mechaniker auch drinnen arbeiten können. Bei der Tour de France sieht man sie häufig in der Spätnachmittagssonne schwitzen, wenn sie die Räder reinigen und für die Etappe am nächsten Tag fertig machen.

▲ **Reifen für jedes Wetter und jeden Untergrund, aufgereiht im Teamtruck.**

TEAMFAHRZEUGE

▲ Der Mechaniker muss sich die Rückbank mit Ersatzrad und seinem Werkzeug teilen.

Jedes der 22 Teams bei der Tour de France hat zwei Teamfahrzeuge, die dem Peloton folgen. Jedes Fahrzeug erhält einen Aufkleber auf der Heckscheibe, dort ist die Position in der Kolonne der anderen Fahrzeuge vermerkt. Die Ziffer ist blau oder schwarz und spiegelt die Position des bestplatzierten Fahrers im Gesamtklassement wider. Die Mannschaft mit dem Fahrer in Gelb erhält die 1, das Auto mit dem Zweitplatzierten die 2 und so weiter. Das zweite Teamfahrzeug erhält dieselben Nummern, allerdings in Rot. Diese Autos reihen sich in derselben Ordnung auf wie die ersten Teamfahrzeuge, beginnend hinter Auto Nr. 22 – in Summe ergibt das also 44 Fahrzeuge hinter dem Peloton zu Beginn jeder Etappe. Zusammen mit den Offiziellen, den Ärzten, dem neutralen Teamfahrzeug und der Polizei kommt man vor Rennbeginn auf knapp 65 Fahrzeuge (nicht eingerechnet circa 30 Motorräder). Wenn sich eine Fluchtgruppe davonmacht, beordern die Organisatoren die Nummer-2-Fahrzeuge der Teams nach vorn, deren Fahrer unter den Ausreißern sind. Sie passieren das Feld und reihen sich entsprechend der Positionierung der Flüchtenden im Klassement ein.

In jedem Team sitzt der Sportliche Leiter am Steuer, ein weiterer Sportlicher Leiter oder ein Arzt nimmt auf dem Beifahrersitz Platz, der Mechaniker auf dem Rücksitz. Räder und Reifen sind auf dem Dachgepäckträger befestigt, weitere Ersatzreifen finden sich im Fahrzeug, wo jeder Winkel mit Kühltaschen vollgestopft ist, die wiederum Flaschen und Verpflegung beinhalten. Außerdem finden sich im Auto Schlechtwetterkleidung und Telekommunikationseinheiten, um mit dem Fahrer, dem anderen Teamfahrzeug und mit Radio Tour zu kommunizieren, sowie Monitore für die Live-Berichterstattung im Fernsehen. Das Teamfahrzeug ist rollende Kommandozentrale und Materiallager in einem.

Die speziell angefertigten Dachgepäckträger haben normalerweise Platz für vier Kompletträder sowie vier Räder ohne Vorderrad und als Ersatz sechs Vorder- und Hinterräder. Die Ersatzmaschine für den höchstplatzierten Fahrer oder Mannschaftskapitän wird ganz außen montiert, sodass die Reifen sich nicht mit anderen überlappen und der Mechaniker sie im Bedarfsfall am einfachsten erreichen kann. Bei einem achtköpfigen Team erhalten die besten vier Fahrer Kompletträder als Ersatz, während die Räder der anderen vier in der Mitte des Fahrradträgers montiert sind; bei einem Radwechsel muss dann also noch das Vorderrad montiert werden. Im Auto selbst teilt sich der Mechaniker die Rückbank mit zwei zusätzlichen Vorder- und Hinterrädern.

Es geht ziemlich beengt auf dem Rücksitz des Teamfahrzeugs zu. Der Mechaniker muss nicht nur jederzeit bereit sein, herauszuspringen und einen Reifen nach einem Plattfuß zu wechseln, sondern verantwortet auch eine große Kühlbox, angefüllt mit Trinkflaschen, Dosen und Eiswürfeln. An heißen Tagen werden die Eiswürfel in Socken gesteckt, die sich die Fahrer auf dem Rücken unters Trikot schieben.

All dies geschieht während der Fahrt, so, wie es vom Mechaniker erwartet wird, dass er anstehende Probleme bezüglich Reparatur und Bekleidung über das Seitenfenster löst. So reiht sich der Fahrer vielleicht ein, weil seine Funkverbindung streikt, Schaltung oder Bremse eingestellt oder das Rad nach einem Unfall notdürftig repariert werden muss. Daher schadet es nicht, wenn der Mechaniker eine gute Kondition sowie ausreichend Beweglichkeit mitbringt – und natürlich Nerven aus Stahl.

Daneben hat jeder Mechaniker seine persönliche Werkzeugkiste dabei, während der Etappe im Teamfahrzeug wahrscheinlich eher ein Hartschalenkoffer. Er beinhaltet alle notwendigen Tools für Nachjustierungen und Reparaturen während des Rennens. Im Kofferraum wird vielleicht noch eine komplette Werkzeugausstattung vorgehalten: Dann mutiert das Teamfahrzeug nach unzähligen Unfällen oder unvorhersehbaren Materialschäden zur mobilen Kriseninterventionseinheit.

Auf dem Bildschirm an der Kopfstütze vor ihm kann der Mechaniker das Rennen live verfolgen, zudem hört er Radio Tour, das Teamfahrzeuge im Notfall aufruft, dem Fahrer zu helfen, oder eine Reifenpanne oder einen Unfall verkündet. Da die Fahrer direkt über Funk mit dem Teamfahrzeug kommunizieren können, gewinnen die Mechaniker wertvolle Sekunden, um einen Reifenwechsel vorzubereiten. Ein Schema, wie die Räder auf dem Dach angeordnet sind, ist ebenfalls an die Kopfstütze gepinnt. So greift der Mechaniker das richtige Rad so schnell wie möglich. In den Türablagefächern finden sich dann auch noch Kettenöl und -spray sowie Schmierfett.

▼ **Ein mit Zeitfahrmaschinen bestücktes Teamfahrzeug, das den Fahrer während seines Soloritts begleitet, hat immer einen Mechaniker im Fond dabei.**

An jedem einzelnen Renntag gilt es für die Tour-Mechaniker, bis spät in die Nacht viele Aufgaben zu bewältigen.

KAPITEL 6

DER TAG EINES TOUR-MECHANIKERS

Die Tour-Mechaniker gehören zu den Leuten, die während der dreiwöchigen Rundfahrt am härtesten arbeiten. Jeden Morgen früh raus und bis spätnachts kaum fertig, bilden vier Mechaniker das Rückgrat einer Equipe, die unermüdlich die Show auf der Straße am Laufen hält. Der Alltag eines Mechanikers kennt einen gewissen Ablauf, aber folgenden Satz hat man wohl noch nie bei der Tour gehört: »Es war ein Tag wie jeder andere.«

DER TAG EINES TOUR-MECHANIKERS

▲ **Ein Fahrer erörtert vielleicht noch ein Detail am Rad mit seinem Mechaniker.**

Egal, wie der vorherige Tag ausgehen haben mag, ob erfolgreich mit einem Etappensieg oder mies mit Reifenpannen, Unfällen und Aufgaben – ein neuer Tag bei der Tour lässt immer auch neue Hoffnung aufkeimen. Was die Fahrer im Team bis hin zu Sportlichen Leitern, Betreuern, Busfahrern und vier Mechanikern von Normalsterblichen unterscheidet, ist die Fähigkeit, mit den Rückschlägen einer großen Rundfahrt umzugehen.

Die Mechaniker haben bis spät in die Nacht Räder repariert oder nach Unmengen von Plattfüßen das Felgenbett unzähliger Laufräder angeraut und Kleber für neue Schlauchreifen aufgetragen. Und am Morgen einer neuen Etappe sind es dieselben Mechaniker, die um sieben Uhr bereitstehen, selbst an den Tagen, an denen eine kürzere Etappe nicht vor Mittag startet.

07.00 UHR

Nach einem schnellen Frühstück im Hotel besteht die erste Aufgabe darin, den Teamtruck zu öffnen, der über Nacht an einem sicheren Ort abgestellt wurde. In den vergangenen Jahren haben immer wieder Diebe ganze Anhänger leer geräumt, sodass es für Teams und Veranstalter von Rennen notwendig wurde, die Ladebordwand zusätzlich zu sichern und einen Nachtwächter für den Hotelparkplatz abzustellen. Sobald der Truck geöffnet ist, werden die acht Räder für den Start auf eines der Teamfahrzeuge mit Ersatzteilen oder einen Lieferwagen verladen. Das gilt ebenso für die acht Ersatzräder und die zusätzlichen Ersatzreifen. Wenn der Etappenstart nur wenige Kilometer entfernt liegt, greifen die Fahrer vielleicht direkt auf ihr Arbeitsgerät zurück; in diesem Fall werden die Reifen schon am Hotel aufgepumpt. Normalerweise beträgt die Fahrstrecke zum Start eine Stunde oder mehr, besonders wenn die Teambusse und -fahrzeuge in das Verkehrschaos rund um das Rennen geraten. Die Tour ist so groß geworden, dass nur Großstädte über ausreichend Hotels verfügen, um alle Teams in der Nähe der Startlinie einzuquartieren.

08.00 UHR

Die Teamfahrzeuge werden in der Nähe der Hotels betankt und für die Etappe vorbereitet. Darunter fällt auch die Bereitstellung der Informationen aus dem offiziellen Roadbook der Tour. Neben detaillierten Streckeninformationen und Zeitplänen, basierend auf unterschiedlichen Durchschnittsgeschwindigkeiten, enthält das Buch Karten von Start- und Zielort. Darin sind der Anfahrtsweg zum Etappenstart sowie die Abfahrt aus dem Zielort verzeichnet. 22 Teams – das bedeutet allein schon 110 Fahrzeuge, die an einem Ort vor jedem Start zusammentreffen. Hinzu kommen die offiziellen Tour-Fahrzeuge und die Motorräder, die Polizei-Eskorte sowie die Presse- und Fernsehfahrzeuge – das tägliche Verkehrsaufkommen bei der Tour kann in einer mittelgroßen Stadt zum Verkehrskollaps führen.

Um solch ein Chaos zu verhindern, das unzweifelhaft einträte, würde man den Teams selbst die Anfahrt überlassen, gibt es im Handbuch eine ganz besondere Seite. Sie enthält eine Karte, auf der der exakte Ort verzeichnet ist, an dem die Teams auf die abgesperrte Strecke zum Etappenstart

◀ **Die Fahrer können sich im Teambus entspannen und auf den Start vorbereiten, während die Mechaniker in den Teamfahrzeugen anreisen.**

einfahren müssen – der PPO, also der *Point de Passage Obligatoire*. Jedes Teamfahrzeug hat den PPO in das Navi einprogrammiert, und die Insassen halten Ausschau nach dem großen rot-weißen PPO-Schild, das den Treffpunkt markiert, der in einem Außenbezirk liegt. Alle vom Fahrpersonal, besonders die Busfahrer und die Mechaniker, stoßen einen kleinen Seufzer der Erleichterung aus, wenn sie das PPO-Schild entdecken. Nun wissen sie, dass sie auf dem richtigen Weg zum Etappenstart sind und jetzt noch eine Stunde Zeit haben, um die Räder vorzubereiten und die Fahrer auf die Bühne zu bekommen, wo sie sich für die Etappe einschreiben.

09.00 UHR

Hat der Konvoi aus einem halben Dutzend Fahrzeugen seinen Weg über die offizielle Route zum Etappenstart gefunden, weisen gelbe Zeichen mit einem P in der Mitte die Teams zu einem Areal oder einer Straße, wo genug Platz für alle Mannschaften ist. Verschiedenfarbige Zeichen lotsen die akkreditierten Tour-Fahrzeuge in Zonen, die für Offizielle, Werbekarawane, Medien und Gäste reserviert sind. Einige Wagen sind so platziert, dass sie dem Feld vorausfahren, andere hingegen werden in Seitenstraßen und auf Parkplätze gelenkt – sie folgen dem Peloton nach dem Startschuss.

Hier befindet sich auch der Mannschaftsparkplatz, wo sich die Teamfahrzeuge in den letzten Minuten vor dem Start zusammenfinden. Anschließend nehmen die Mannschaftsbusse sowie all jene Teamfahrzeuge, die nicht direkt in die Etappe involviert sind, den kürzesten Weg (abseits der eigentlichen Strecke) zum Etappenziel und bereiten sich dort auf die Fahrerankunft vor.

Bei den Mannschaftsparkplätzen wird nun jedem Team ausreichend Platz für alle Fahrzeuge zugewiesen. die beiden »Etappenmechaniker« errichten temporäre Absperrungen für die Fans, die von dort aus Fahrer und Räder in Augenschein nehmen können, ohne im Weg herumzustehen. Auf der Tour warten bereits Hunderte Fans, von denen viele bereit sind, vor ihrem Lieblingsteam oder -fahrer auf die Knie zu gehen.

Jetzt lässt sich ab und an auch ein Fahrer blicken, der noch etwas am Rad überprüft, bevor er sich zwecks Einschreibung im Pulk zum Podium aufmacht. In der Zwischenzeit stehen die Mechaniker im Zentrum, wenn sie die acht Räder für den Tag von einem Teamfahrzeug herunterheben und auf Ständer vor dem Teambus montieren.

Zwar sind die Reifen aller Räder bereits aufgepumpt, auch die Ersatzreifen, aber mit dem Digital-Manometer wird noch einmal die erste Garde geprüft und der Luftdruck korrigiert. Bei einer normalen Flachetappe im Trockenen gibt es kaum Unterschiede zwischen den Fahrern, aber auf Etappen mit schlechten Straßen oder gar Kopfsteinpflaster, wenn voluminösere Reifen verwendet werden, können die Druckunterschiede zwischen den einzelnen Rädern und selbst Vorder- und Hinterreifen stärker variieren.

Das Gewicht des Fahrers sowie seine Vorlieben, wie sich die Reifen auf dem rauen Kopfsteinpflaster anfühlen sollen, geben den Ausschlag. Bei solchen Etappen notiert der Mechaniker auf Klebeband, das er am Oberrohr befestigt, den Reifendruck. Außerdem ist immer ein Inbus griffbereit, um selbst kurz vor Torschluss noch letzte Justierungen an Lenker, Vorbau, Sattelstütze oder Sattel vornehmen zu können. Nur wenige Mechaniker bringen es über sich, ein Rad aus der Hand zu geben, ohne diese oder jene Schraube doppelt geprüft zu haben. Es ist auch nicht ungewöhnlich, dass ein Fahrer aus dem Teambus steigt,

▶ **Fahrer und Mechaniker arbeiten eng zusammen und sind häufig miteinander befreundet.**

sein aufgereihtes Rad begutachtet und den Mechaniker bittet, etwa die Sitzposition um einen oder zwei Millimeter zu verändern. Einige Fahrer sind dafür berüchtigt, kleine Änderungen vorzunehmen, andere schnappen sich einfach das Rad mit ihrem Namen auf dem Oberrohr. Ein Fahrer, der einen Unfall hatte oder sich mit einer Verletzung herumplagt, will vielleicht hier und da noch etwas optimieren, um die quälenden Schmerzen im Sattel etwas zu lindern. Teammechaniker sind auch auf panikartige Last-minute-Änderungen vorbereitet, wenn ein Fahrer auf dem Weg zum Einschreiben das Gefühl hat, irgendetwas stimme nicht.

11.00 UHR

Nachdem die Reifen doppelt geprüft und die ersten acht Räder mit Startnummern und Transpondern versehen sind, rüsten die Mechaniker die Räder mit Bidons aus und montieren die Radcomputer. Vielleicht prüfen sie nochmals, ob die Batterien die volle Ladekapazität anzeigen. Dann sind die Maschinen startklar und warten auf die Fahrer, die noch im Bus sitzen – doch noch immer fummeln die Mechaniker an den Rädern herum. Geradezu besessen werden erneut die Reifen gecheckt und mit einem Lappen abgewischt – vielleicht hat sich irgendwo auf dem Weg zum Einschreiben ein Splitter in den Mantel gebohrt? Eine Reifenpanne vor dem Start kann man daran erkennen, dass hastig ein Ersatzreifen hervorgekramt wird.

Eine weitere Komponente, an der sowohl Mechaniker als auch Fahrer dauernd herumfrickeln, sind die Bremsen. Bevor sich die Fahrer auf das Rad setzen und die Schuhe einklicken, testen sie die Bremsen. Diese sollen nicht abrupt greifen, und die Bremsbeläge müssen gleichzeitig auf der Felge aufsetzen. Hat der Renner Scheibenbremsen, heben sie das Vorderrad an, drehen es und prüfen so, ob die Scheibe nicht irgendwo schleift. Wenn ein solcher Fall eintritt, eilt ein Mechaniker herbei und justiert die Bremse neu. Aber vorher öffnet und schließt er nochmals den Schnellspanner und prüft, ob das Laufrad wirklich passgenau in den Ausfallenden sitzt.

13.00 UHR

In jedem der beiden Teamfahrzeuge sitzt ein Mechaniker im Fond zwischen Ersatzreifen und Werkzeugen. Die anderen beiden Mechaniker fahren den mit restlichem Equipment und Ersatzrädern beladenen Truck zum Hotel, das dem Team für die Übernachtung zugewiesen wurde. Wie lange die Fahrt dauert, hängt von der Länge der Etappe, dem Anschluss zu Autobahnen sowie von der Entfernung des Hotels zum Etappenzielort ab. In abgelegeneren Gegenden muss sich das Team darauf einstellen, noch eine Stunde im Bus verbringen zu müssen.

Nach der Hotelankunft nehmen die Mechaniker einen Bereich auf dem Hotelparkplatz in Beschlag und schließen die Strom- und Wasserversorgung an. Alle Geräte und Werkzeuge, mit denen die Räder nach der Etappe gereinigt und gewartet werden, müssen vorbereitet werden.

Falls es die Zeit zulässt, werden weitere Ersatzreifen geklebt, Ersatzräder montiert oder mit neuen Komponenten ausgestattet. Oder die Zeitfahrmaschinen und die Räder der Spezialisten werden für die kommende Etappe vorbereitet.

▲ **Die Feinjustierung – ein Job, der für einen Tour-Mechaniker niemals endet.**

DER TAG EINES TOUR-MECHANIKERS

▲ **Das Teamfahrzeug verlässt den Etappenzielort auf direktem Weg in Richtung Hotel.**

In den Teamfahrzeugen nehmen die Mechaniker ihren Platz ein – ob wohl ein ruhiger Tag vor ihnen liegt oder eine Etappe mit zahlreichen Pannen und Stürzen? Selbst ein unspektakulärer Tag bedeutet ein gewisses Arbeitspensum vom Rücksitz aus, vielleicht nur ein einziger Reifenwechsel oder eine kleine Nachjustierung einer Schaltung oder Bremse während der Fahrt. An heißen Tagen reicht der Mechaniker häufig Trinkflaschen oder in Socken gesteckte Eiswürfel aus dem Fenster.

Die Mechaniker sind daran gewöhnt, sich mit dem Oberkörper aus dem Autofenster zu lehnen. Neben der Lösung mechanischer Probleme müssen sie vielleicht das Funkgerät reparieren oder dem Fahrer beim Helm- oder Schuhtausch assistieren – alles während der Fahrt. Mit einem Weltklassefahrer, der sich bei 45 km/h am Chassis festklammert, erfordert diese Aufgabe einen kühlen Kopf und ein ruhiges Händchen. Nur selten stürzt einmal ein Fahrer – die Fähigkeiten aller Beteiligten sind enorm. Solch stressige Aufgaben dauern vielleicht ein oder zwei Minuten, wobei eine typische Etappe über 200 Kilometer bis zu fünf Stunden währen kann. Nicht selten sieht man den Mechaniker auf dem Rücksitz dösen, wenn das Feld durch die Blumenfelder im tiefsten Frankreich rollt.

14.00 UHR

Hat der Fahrer im Peloton einen Platten, hebt er die Hand zur Warnung und informiert sein Team über das Mikrofon seines Funkgeräts, das am Trikot befestigt ist. Der erhobene Arm wird normalerweise vom roten Fahrzeug erkannt, das direkt hinter dem Feld fährt. Im wichtigsten offiziellen Begleitfahrzeug sitzt der Rennleiter, meist zusammen mit einem sehr erfahrenen Fahrer, einem mehrsprachigen Kommentator für Radio Tour sowie einem VIP.

Alle Nachrichten über Radio Tour erfolgen von hier aus, also alle Zwischenfälle wie Pannen oder Stürze im Feld bis hin zu Zeitabständen zu Fahrern vor oder hinter dem Peloton. Radio Tour informiert die Fahrer über gefährliche Straßenverhältnisse und ist nicht zimperlich, wenn irgendein Fahrzeug nicht seinen Anweisungen folgt. Hat ein Fahrer einen Platten, wird zunächst der Teamname übermittelt, dann das Problem, in diesem Fall ein Plattfuß, und manchmal auch noch die Information, ob das Vorder- oder Hinterrad betroffen ist.

Zur gleichen Zeit oder sogar noch etwas davor wurde das Teamfahrzeug schon von seinem Fahrer über den teaminternen Funk informiert, wo das Problem liegt. Sofort schert das Teamfahrzeug aus seiner angestammten Position in der Kolonne aus, die sich nach dem jeweils bestplatzierten Fahrer der Teams bei Etappenstart zusammenstellt. Hängt man weiter hinten in der Kolonne und sind die Straßen kurvenreich oder von Fahrern bevölkert, die den Anschluss verloren haben, so kann es Minuten dauern, bis man zu seinem Fahrer gelangt.

In allen Rennen der Continental-Serie fahren die Teamfahrzeuge rechts hinter dem Feld, die Radprofis wählen die Straßenmitte, und die Motorräder halten sich links. Teamfahrzeuge, die zum Feld aufschließen, scheren nach links aus. Die Sportlichen Leiter müssen gleichzeitig auch Könner am Steuer sein, um andere Profis, Teamfahrzeuge und Motorräder in dem engen Gässchen hinter dem Feld zu überholen.

Diese streng kontrollierten Regeln ergeben Sinn, wenn ein Fahrer wegen eines Plattens am Straßenrand anhalten muss. Erreicht das Teamfahrzeug das Ende des Felds, wo der Fahrer hoffentlich noch dank etwas Restluft mitpedaliert, warnt der Sportliche Leiter den Fahrer mit der Hupe. Sodann halten beide – Fahrer und Teamfahrzeug – so schnell wie möglich an. Der Mechaniker wartet schon und springt aus dem Auto, entweder mit einem Ersatzreifen aus dem Fond oder aber bereit, ein Komplettrad oder einen Ersatzreifen vom Dach zu greifen. Wenn kein ernsthafter Notfall vorliegt, müssen die Teamfahrzeuge immer auf der rechten Seite anhalten.

Die Dachgepäckträger sind Spezialanfertigungen und kosten Tausende von Euro. Die Räder sind mit Einzelklemmen gesichert, die sich schnell und leicht öffnen lassen, die Reifen sind mit Schnellspannern an Ausfallenden montiert. Der Mechaniker öffnet die rechte Tür, sodass alle anderen sicher passieren können. Normalerweise weiß der Mechaniker, welcher Reifen betroffen ist. Ist es das Hinterrad, hat der Fahrer die Kette bereits aufs kleinste Ritzel geschaltet, um den Reifen leichter abnehmen zu können. Das Vorderrad hat der Fahrer vielleicht schon selbst gelöst, aber in jedem Fall hält der Fahrer das Rad stabil in die Höhe, während der Mechaniker die notwendigen Handgriffe durchführt.

Diese Aufgabe ist in den vergangenen Jahren stressiger geworden, da sich die Mechaniker heute mit Scheibenbremsen und Steckachsen inkl. Sicherungsschraube beschäftigen müssen. Das erfordert mehr Zeit als das traditionelle System mit Schnellspannern und Dual-Pivot-Bremsen.

Der Mannschaftskapitän bekommt bei einem Platten meist sofort ein komplettes neues Rad, wenn das Feld vorn Tempo macht. Es geht schneller, dieses Rad vom

◀ **Hat der Kapitän ein Problem, wartet ein Domestike aus der Mannschaft, während der Mechaniker versucht, das Problem aus dem fahrenden Auto heraus zu lösen.**

▲ Die Räder auf dem Dachgepäckträger sind speziell angeordnet.

Dachgepäckträger zu nehmen, als einen einzelnen Reifen auszutauschen. An der Kopfstütze klebt eine Skizze, in welcher Reihenfolge die Räder auf dem Dach montiert sind, daher sind Verwechslungen im Prinzip ausgeschlossen.

Am Ersatzrad liegt die Kette vorn auf dem großen Blatt und auch hinten auf einem größeren Ritzel, sodass der Fahrer aus dem Stand schnell herausbeschleunigen kann. In Sekunden ist der Fahrer auf dem neuen Rad und wird vom Mechaniker angeschoben, sodass er möglichst schnell und nur mit minimalem Aufwand zum Feld aufschließen kann. Meist nutzt er den Windschatten der anderen Teamfahrzeuge. Solange ein Fahrer noch innerhalb der Kolonne ist, stehen die Chancen gut, dass er sich nach einer Panne wieder in das Peloton eingliedert.

15.00 UHR

»*Chute au peloton!*« Wenn es etwas gibt, das jeden Mechaniker in Alarmbereitschaft versetzt, dann diese Eilmeldung von Radio Tour über einen Unfall im Feld. So facettenreich die Aufgaben auch sind, für den Mechaniker ist die Fähigkeit essenziell, ruhig zu bleiben und dennoch schnell zu reagieren, wenn sich vor ihm das Chaos eines Massensturzes ausbreitet. Solche Situationen gehören zu den stressigsten des Tages.

Wird ein Unfall über Funk verkündet und ein Dutzend oder mehr Fahrer sind involviert, dann steigt der gesamte Konvoi hinter dem Feld in die Bremsen. Es kann ein paar Sekunden dauern, bevor Radio Tour die beteiligten Mannschaften identifiziert hat. In dieser Zeit haben vielleicht schon die Fahrer selbst das Team informiert, aber unabhängig davon sieht man schon die Mechaniker, mit Ersatzrädern und -reifen bewaffnet, die lange Schlange der wartenden Fahrzeuge entlangeilen.

Ist der Fahrer unverletzt, macht der Mechaniker eine schnelle Schadensaufnahme und behilft sich mit den Ersatzteilen, die er mitgebracht hat. Andernfalls informiert er den Sportlichen Leiter und fordert Unterstützung an. Im Chaos eines Massensturzes ist es manchmal schwer, die Fahrer herauszupicken, denen zuerst geholfen werden muss, denn die Kapitäne genießen Priorität. Sie erhalten ein Laufrad oder gleich das ganze Rad von einem Teamkollegen, der ebenfalls gestürzt ist oder angehalten hat. Zeit oder Material für Reparaturen gibt es dann kaum. Der Mechaniker richtet die Bremsen neu aus, prüft Lenker sowie Reifen und biegt hier und da sogar etwas mit roher Muskelkraft in Position zurück.

Die Fahrer müssen wieder in den Sattel, alles andere ist sekundär. Kaum hat sich die Kolonne wieder in Bewegung gesetzt, geht die Arbeit mit Hochdruck weiter, wenn die zurückgefallenen Teammitglieder auf dem Weg zum Peloton überholt werden müssen. Dann prüft der Mechaniker ein zweites Mal, ob das Rad beschädigt ist, und nimmt entweder während der Fahrt kleine Nachbesserungen vor oder hält an, um Laufrad oder komplettes Rad zu ersetzen.

16.00 UHR

Wenn es wie im Juli bei der Tour sehr heiß ist, kreiseln die Teamfahrzeuge hinten permanent und versorgen die Wasserträger mit Trinkflaschen. Ihr Job ist es, sich so viele

Bidons wie möglich unters Trikot zu stopfen und zu verteilen. Der Mechaniker gibt die bis zu zwölf Bidons an den Sportlichen Leiter weiter, der sie dem Fahrer durch das offene Fenster reicht – ein weiterer Grund, warum die Teamfahrzeuge rechts fahren. So kann der Sportliche Leiter mit dem Fahrer reden und ihm Dinge reichen, während sich der Athlet in der Straßenmitte hält.

Es gibt aber auch spezielle Westen, die die Mechaniker mit bis zu fünf Flaschen befüllen und an einen Fahrer weiterreichen, der sie später unter den Teamkollegen verteilt. Außerdem lagern im Fond Unmengen von Gels und Socken, die mit Eiswürfeln befüllt sind und von den Fahrern am Nacken unter das Trikot geschoben werden.

17.00 UHR

Kurz vor dem Ende einer Flachetappe verkündet Radio Tour, dass es von nun an nicht mehr erlaubt ist, ans Ende des Felds vorzufahren und Fahrer mit Verpflegung zu versorgen. Doch es gibt ausreichend Vorwarnzeit, denn dieser Zeitpunkt steht bereits bei Etappenstart fest. Meist liegt er nah genug am Ziel, sodass alle Fahrer für den Rest der Strecke ausreichend verpflegt sind. In der letzten Stunde steigt die Geschwindigkeit spürbar und damit auch das Risiko für Reifenpannen und Stürze. Daher sollten sich am Ende des Pelotons möglichst keine Teamfahrzeuge befinden. Nicht nur das: Bei Spitzengeschwindigkeiten von 60 km/h wäre es zu gefährlich, wenn Fahrer sich zwecks Verpflegung zurückfallen ließen oder Teamfahrzeuge umkurven müssten, um den Anschluss zu halten.

Während vorn im Feld die Spannung steigt, bietet sich oftmals für die Mechaniker ein kurzer Moment der Entspannung. Solange sich vorn keine Zwischenfälle ereignen, wird es ruhig im Teamfahrzeug, in dem die Mitfahrer das Rennen auf den

▲ Zu den vielen Aufgaben des Mechanikers gehört auch das Anreichen von Eiswürfeln und -beuteln.

◀ Fahrer und Insassen des Teamfahrzeugs befinden sich während einer Etappe in ständigem Kontakt.

DER TAG EINES TOUR-MECHANIKERS

▲ **Bei einer Reifenpanne kurz vor dem Ende der Etappe gilt es, keine Sekunde zu verlieren.**

Bildschirmen und über Radio Tour mitverfolgen. Wenn jetzt doch noch eine Reifenpanne auftritt, wird der Mechaniker das Rad so schnell wechseln wie zu keinem anderen Zeitpunkt des Tages. Jeder bei der Tour, besonders die Mechaniker, wissen genau, dass sich ein ruhiger und scheinbar vorhersehbarer Moment schnell zu einem Höllenspektakel wandeln kann.

Kurz vor der Ziellinie scheren die Teamfahrzeuge aus und folgen einer abgesperrten Strecke zu den Parkplätzen, wo die Busse stationiert sind. Die Fahrer werden nach der Zielüberquerung von Betreuern mit Getränken, Handtüchern und Rucksäcken mit warmer Kleidung in Empfang genommen. Wenn sie nicht aufs Podium dürfen, rollen sie gemächlich durch die Massen zum Teambus und überlassen ihr Rad den beiden Mechanikern. All das spielt sich hinter den Absperrungen im Ziel ab, etwa 100 Meter hinter dem Zielstrich. Die Mechaniker montieren nun die Räder auf die Dachgepäckträger. Jetzt will wirklich jeder nur noch ins Hotel, und sobald die Räder verladen sind, geht es mit Teamfahrzeug oder Teamvan auf direktem Wege dorthin. Müssen ein oder mehrere Fahrer noch zur Siegerehrung, dann wartet ein Teamfahrzeug bis nach der Zeremonie auf den oder die Fahrer aus dem Team.

18.00 UHR (BIS 22.00 UHR)

Bei der Hotelankunft parken die Teamfahrzeuge abseits des Teamtrucks. Die Räder und Ersatzteile werden vom Dachgepäckträger genommen und auf Ständer montiert. Sind noch alle acht Fahrer im Rennen, müssen 16 Kompletträder plus ein oder zwei Ersatzräder gereinigt werden. Die vier Mechaniker sind also nach einem Tag mit diversen Aufgaben entweder am Truck

▶ **Die Teamfahrzeuge reihen sich an einem vorher verabredeten Sammelpunkt hinter der Ziellinie der Etappenankunft auf.**

oder auf der Etappe am Abend wieder vereint und teilen sich die Reinigungs- und Wartungsarbeiten. An einem trockenen Tag auf normalem Straßenbelag spart man sich manchmal die Ersatzräder und -reifen. Sie werden nur kurz gecheckt, die Ketten werden gereinigt und neu geschmiert, bevor die Räder im Truck verstaut werden. An einem regnerischen oder staubigen Tag werden auch die Ersatzräder ausnahmslos gewaschen, ob sie benutzt wurden oder nicht. Während zwei Mechaniker – meist die, die an dem Tag nicht auf der Rückbank mitfuhren – das Waschen und Trocknen der Räder übernehmen, widmen sich die anderen beiden den sauberen Rädern. Sie prüfen, ob sich etwas gelöst hat oder beschädigt wurde. Dann werden Verschleißteile wie Bremsbeläge, Ketten und Lenkerband erneuert. Folgt am nächsten Tag eine Bergetappe, müssen vielleicht entsprechende Kettenblätter und Kassetten montiert werden. Falls manche Fahrer sehr niedrige Gänge wünschen, muss vielleicht sogar das gesamte Schaltwerk ausgetauscht werden.

Wie die Aufgabenverteilung bei den Mechanikern aussieht, hängt natürlich vom Team ab, aber einige präferieren eine blockweise Einteilung: Dann fahren zwei Mechaniker mehrere Tage im Teamfahrzeug mit, bevor getauscht wird und sie mit Eimer und Schwamm vorliebnehmen. Bei anderen Teams gibt es vielleicht einen Mechaniker, der nur für die Reinigung abgestellt ist, während die anderen drei sich die Räder der Fahrer untereinander aufteilen und jeder immer exakt dieselben zwei bis drei Räder betreut. Die persönlichen Vorlieben und Einstellungen von zwei Fahrern sind leichter zu merken als von acht, und das Risiko wird minimiert, die Instruktionen der Fahrer durcheinanderzubringen.

Bei Rädern, die in Stürze verwickelt waren, wird geprüft, wie groß der Schaden ausfällt. Entweder werden Komponenten ausgetauscht, oder es kommt ein Ersatzrad zum Einsatz. Jeder Fahrer aus dem Team kann bei der Tour über bis zu drei Straßenräder und zwei Zeitfahrmaschinen verfügen.

Daneben gibt es bis zu 120 Reifenpaare mit unterschiedlich hohen Felgen, aus denen die Fahrer je nach Etappe und Windbedingungen wählen können. Während die Mechaniker noch an den Rädern schrauben, genießen die Fahrer die wohlverdiente Massage. Der eine oder andere lässt sich vielleicht noch auf dem Parkplatz blicken, um mit einem Mechaniker etwas zu besprechen.

Irgendwann vor Einbruch der Dunkelheit begeben sich auch die Mechaniker zum Essen in einen Bereich, der für das Mannschaftspersonal eingerichtet wurde.

▼ **Manche Fahrer nehmen selbst Einstellungen am Rad vor oder tauschen Komponenten aus.**

Kein Mechaniker ist jemals ohne seinen zuverlässigen Montageständer zu sehen, der das Fahrrad sicher in einer bequemen Höhe hält.

KAPITEL 7

GERÄTSCHAFTEN

Fahrräder sind im Vergleich zu anderen Transportmitteln ziemlich einfach gestrickt: leicht zu warten und mit wenigen Werkzeugen einzustellen. In jeder guten Werkstatt und im Teamtruck eines Profiteams finden sich Schubladen voller Spezialwerkzeuge, die zwar nur gelegentlich zum Einsatz kommen, aber für die Einstellung und die Reparatur eines Rennrads unverzichtbar sind. Es gibt weitere, noch fahrradspezifischere Tools und Vorrichtungen, auf die sich die Teammechaniker verlassen.

MONTAGESTÄNDER

Zu jedem beliebigen Zeitpunkt bietet sich dem interessierten Beobachter bei der Tour folgendes Bild: Mechaniker errichten auf Hotelparkplätzen merkwürdige Vorrichtungen mit langen Armen und verschiebbaren Teilen, in die sie die Rennräder spannen. Abgegriffene Seiten in Notizbüchern oder Laptopbildschirme offenbaren Zahlen und Winkeleinstellungen, nach denen die Mechaniker die Feinjustierung an Sattel, Sattelstütze oder Lenker vornehmen. Diese Vorrichtungen sind für den Mechaniker unerlässlich, denn dank ihrer kann er gleich mehrfach die präzisesten und wichtigsten Arbeiten am Rad durchführen.

Diese speziell angefertigten Montageständer empfehlen sich nur für den Profi – um das Rad zu Hause zu justieren, reicht meist ein einfaches Maßband. Das mag zwar etwas länger dauern, aber wer nur ein oder zwei Räder einzustellen braucht, muss auch nicht ständig etwas daran verändern.

Zu den klobigsten Hilfsmitteln, auf die sich ein Profimechaniker verlassen kann und das auch in der Werkstatt zu Hause nicht fehlen sollte, gehört der Basis-Montageständer. Der größte Vorteil liegt auf der Hand: Das Rad lässt sich auf beliebiger Höhe fixieren, sodass sich der Mechaniker nicht über das Rad beugen oder gar hinknien muss. So achtet man darauf, dass jeder Arbeitsschritt für den Körper so schonend wie möglich ausfällt. Deshalb benutzen die Mechaniker auch extragroße Eimer mit Seifenwasser, die sie auf kleinen Wägelchen von Rad zu Rad hinter sich herziehen, sodass sie sich nicht ständig bücken müssen. Dasselbe gilt für die Montageständer. Das Rad befindet sich auf Hüfthöhe, während das Werkzeug auf einer gleich hohen Arbeitsfläche griffbereit liegt. Auf Dauer ist es ermüdend, sich ständig bücken oder nach einem Schraubenzieher strecken zu müssen. Und ein müder, genervter Mechaniker macht schneller einen Fehler als ein frischer, dessen Rad und Werkzeug griffbereit in bequemer Höhe ist.

Montageständer gibt es in unterschiedlichen Ausführungen, aber die besten vereinen gutes Material, hochwertige Klemmen sowie sehr stabile Standbeine zum Ausklappen. Manche halten das Rad sicher mit einer großen Klemme an Oberrohr oder Sattelstütze, wobei man die Klemme gerade bei Carbon-Rahmen nicht zu fest anziehen darf. Ungewöhnlich geschmiedete Oberrohre können die Arretierung bei diesem Typ von Montageständer allerdings verkomplizieren. Der Vorteil: Es kann das komplette Rennrad eingespannt werden.

Bei anderen Montageständern muss das Vorderrad abgenommen werden. Das Rad wird mit der Vordergabel auf eine Achse gesteckt, während das Tretlager auf einer eigens dafür vorgesehenen Auflage aufsitzt. Das Rad wird hierbei gleich doppelt fixiert und ist sehr stabil, besonders wenn der Mechaniker Arbeiten am Tretlager durchführen muss. Auf dem Montageständer lässt sich das Rad zudem bequem waschen, und aus diesem Grund benutzen die Profimechaniker ihn auch dafür. Das Rad lässt sich anheben, und bei abmontierten Reifen kommt man gut an jede Stelle des Rahmens, was ansonsten ziemlich umständlich ist, wenn das Rad mit voller Bereifung auf dem Boden steht.

▲ Ein Montageständer mit Achsen für die Vordergabel und drei ausklappbaren Beinen gewährleistet einen sicheren Stand.

▶ Die Satteleinstellung an einem Zeitfahrrad ist entscheidend. Die maximale Position und der Winkel werden von der UCI vorgegeben. Hier stellt der Mechaniker mithilfe eines Zollstocks die Position der Sattelspitze ein.

CANYON
SPEEDMAX CF SLX
SRAM
ZIPP

COLNAGO

KOMPRESSOREN

Die Mechaniker verwenden Dampfstrahler und Kompressoren, die manchmal mit kleinen Generatoren betrieben werden, wenn kein Strom am Hotel verfügbar ist. Ein Dampfstrahler befreit Rahmen und Reifen innerhalb von Sekunden von Schmutz, aber das Wasser kann in die Lager eindringen und so die Lebensdauer ernsthaft verkürzen. Im Profiteam ist das kein Problem, da Lager ständig vorrätig sind und bis zu einem gewissen Grad wie Verschleißteile behandelt und häufig ersetzt werden.

Man sollte den Dampfstrahler vorsichtig einsetzen und die Lager in den Reifen, in der Kurbel sowie am Steuersatz aussparen. Auch die Profimechaniker achten sorgsam darauf, dass die Düse den Lagern nicht zu nahe kommt. Falls Sie keinen Dampfstrahler in der Garage haben, reicht ein normaler Gartenschlauch, um das Rad von Schmutz zu befreien, besonders wenn das Rad zuvor mit einem schmutzabweisenden Spray versiegelt wurde. Damit spült man auch nicht die Schmiere aus den Lagern. Dennoch sollte man den Wasserstrahl nicht direkt auf die Radnaben halten.

Für Werkzeuge, die mit Strom betrieben werden, sowie zum Reifenaufpumpen sind Kompressoren erforderlich. Die Profimechaniker holen sich für viele Arbeiten den Strom aus dem Kompressor. Sie müssen bei der Tour nicht nur an den Rädern, sondern mitunter auch an den Teamfahrzeugen arbeiten, etwa einen Reifen wechseln oder Ausrüstung wie den Dachgepäckträger montieren. Bei manch fest sitzender Schraube hilft dann nur noch ein Kompressor. Eine elektrische Fahrradluftpumpe, die einem Akkubohrer ähnelt, ist ebenfalls nützlich, um bei Etappenstart nochmals den Reifendruck anzupassen.

◀◀ Im Juli ist es oft warm und lang genug hell, sodass die Mechaniker bis spätabends draußen arbeiten.

◀ Ein Dampfstrahler sorgt für ausreichend Wasserdruck.

WEITERE HILFSMITTEL

▲ **Mit diesen Gerätschaften lassen sich auch widerspenstige Züge und Schläuche aus dem Rahmen fischen.**

GEWINDESCHNEIDER

Der Mechaniker muss zunächst den nackten Rahmen vorbereiten, bevor er die großen Lager in Steuersatz und Kurbel montiert. Gewinde-Inserts sind – sofern vorhanden – von altem Schmierfett oder Farbpartikeln zu säubern, sodass die Lagerschalen vollständig und sicher eingesetzt werden können, ohne dass die Kügelchen beschädigt werden.

Auf einem neu lackierten Rahmen findet man immer Lackreste auf Gewinde, Tretlagergehäuse und Steuersatz. An beiden Enden von Tretlagergehäuse und Steuersatz sollte die Farbe so weit entfernt werden, dass das nackte Metall übrig bleibt. Auf diese Weise schmiegen sich die Lager nicht nur perfekt an, sondern beide Enden sind austariert, sodass Kurbelwelle und Gabel exakt ausgerichtet sind. Die Werkzeuge, die für die Reinigung und Ausrichtung der Lagerschalen verwendet werden, gehören zu den teuersten Tools in der Profi-Werkzeugkiste, werden aber nicht so häufig benötigt. Aus diesem Grund empfiehlt es sich auch, einen Radmechaniker zurate zu ziehen, wenn Steuersatz oder Tretlager ersetzt werden sollen. Diese Komponenten können Jahre halten, bis sie ausgedient haben.

Für die modernen Pressfit-Tretlager und Steuersätze gibt es ebenfalls Spezialwerkzeuge für Demontage und Einbau. Es sind Präzisionswerkzeuge, die – um die Angelegenheit noch komplizierter zu machen – mit unzähligen Lagergrößen diverser Komponenten oder Fahrradmarken kompatibel sein müssen.

»ANGELAUSRÜSTUNG«

Die innen verlaufenden Schläuche und Züge sind mittlerweile Standard an Rennradrahmen aus Carbon. Die zunehmende Verwendung elektronischer Komponenten hat dafür gesorgt, dass das Repertoire eines Profimechanikers um eine Facette reicher geworden ist. Kabel oder Teile, die in den Rahmen gefallen sind, aus einem hohlen Rohr herauszufischen ist eine ärgerliche, aber notwendige Aufgabe bei der Installation und Wartung moderner Rennradkomponenten. Es gibt nicht viele Standardwerkzeuge dafür, aber Teleskopmagneten sind nicht das schlechteste Tool, um Metallteile herauszuholen. Und mit einem Pick-Set, wie man es vom Zahnarzt kennt, oder einem gebogenen Draht erwischt man auch ein verschüttgegangenes Kabelende.

SCHALTAUGE-KONTROLLLEHRE

Wenn der Gangwechsel nicht mehr reibungslos klappt, kann das Schaltauge verbogen oder schlecht ausgerichtet sein. Bei einer elektronischen Schaltung ist es noch wichtiger, dass das Schaltwerk korrekt auf die Kassette abgestimmt ist, sodass die Auto-Justierfunktion perfekt arbeiten kann. Diese Schaltprobleme sind bei Carbon-Rahmen nicht ungewöhnlich. An ihnen kann das Schaltauge ausgetauscht werden, falls Rahmen oder Schaltauge oder beides nicht perfekt ausgerichtet ist.

Ein Schaltauge ist bei einem Sturz auf die rechte Seite oder bei unsachgemäßem Transport schnell verbogen. Ein fehlausgerichtetes Schaltauge kann man daran erkennen, wenn der Schaltwerkarm mit den Schaltröllchen nicht genau unter dem eingestellten Ritzel sitzt.

Ein gradueller Unterschied ist oft nur schwer auszumachen, sodass man eine Kontrolllehre benötigt. Nun wird das Schaltwerk demontiert und die Kontrolllehre bei eingesetztem Laufrad in das Schaltauge geschraubt. Ist das Rad perfekt ausgerichtet, sollte das Ende der Schieblehre immer denselben Abstand zur Felge aufweisen. Falls nicht, kann man mit dem Griff das Schaltauge sanft zurückbiegen, oder man wechselt es vorsichtshalber aus. Bei neuen Carbon-Rahmen kommt es nicht so selten vor, dass die hinteren Ausfallenden nicht korrekt ausgerichtet sind. Dann bleibt oft als einziger Ausweg die Kontrolllehre, um das Schaltwerk optimal einzustellen.

A. Kontrolllehre für das Schaltauge.

B–D. Verschiedene Gewindeschneider für das Tretlagergehäuse.

GERÄTSCHAFTEN

JUSTIERWERKZEUGE

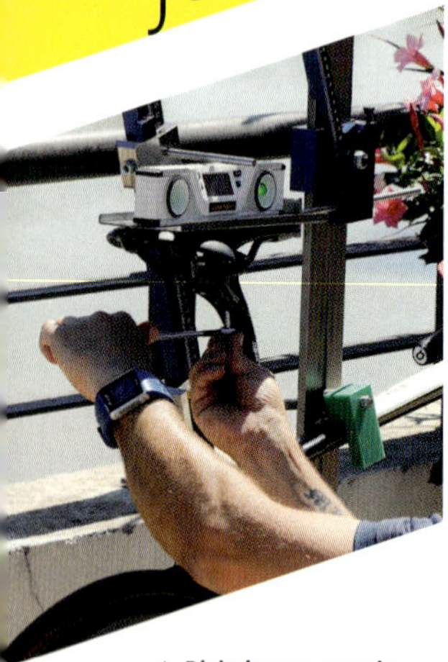

▲ Digitalwaage zwecks Justierung des Sattels.

▶ Am justierbaren Montageständer lassen sich Sattelhöhe und Sitzwinkel einstellen sowie der Abstand zwischen Sattel und Tretlager messen.

Profimechaniker verlassen sich bei der Einstellung der acht Rennräder auf speziell angefertigte Vorrichtungen und Werkzeuge. Dabei geben sie jenen Methoden den Vorzug, bei denen sie sich allzeit auf das gewünschte Ergebnis verlassen können. Der Fahrradheimwerker möchte auch, dass sein Rennrad genau auf die eigenen Maße abgestimmt ist. Doch das Bikefitting daheim ist mit wenigen Spezialwerkzeugen möglich.

Neben dem erprobten Maßband, mit dem man grundlegende Dinge wie Sitzhöhe und Reach bestimmen kann, sind die digitale Wasserwaage und ein Fadenlot zwei sinnvolle Ergänzungen. Die Wasserwaage muss nicht digital sein, aber wenn der Sattel leicht angewinkelt ist, kann man dort einspeichern, um wie viel Grad die Anpassung erfolgen soll, sodass man die Einstellung auch an anderen Rädern vornehmen kann. Mit dem Fadenlot lässt sich die exakte Position des Knies über dem Pedal bei maximaler Kraftentfaltung bestimmen: Die Knie zeigen nach vorn und bilden eine gedachte Achse parallel zum Boden.

A. Digitalwaage.

B. Traditionelles Handlot.

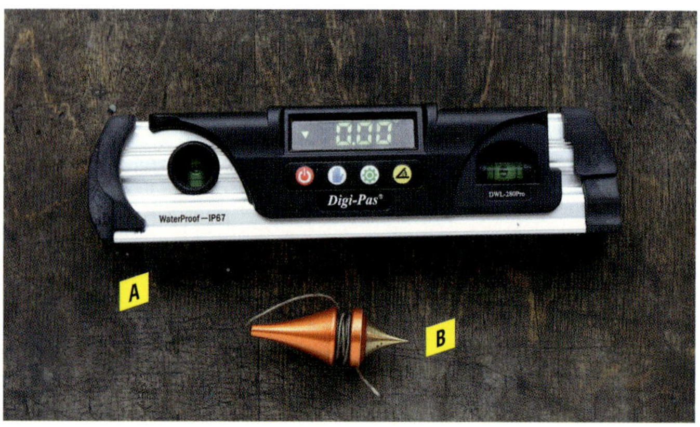

MERIDA
SCULTURA
BAHRAIN
FULCRUM
SRM POWER
CONTINENTAL
COMPETITION

Nach jeder Etappe werden die Räder gewaschen – selbst die, die vielleicht gar nicht eingesetzt, aber beim Transport beschmutzt wurden.

KAPITEL 8

FAHRRADWÄSCHE UND FINISH

Zu den wichtigsten Aufgaben des Mechanikers gehört die tägliche Reinigung der Rennmaschinen. Schmierfette und Öl müssen entfernt, die Räder müssen gewaschen, getrocknet, poliert und wieder gefettet werden. So bleiben die Renner nicht nur stets top in Schuss, sondern die Lebensdauer der Komponenten wird auch verlängert. Zudem können die Mechaniker Verschleiß, Beschädigungen oder andere Probleme rechtzeitig entdecken.

WASCHEN UND ENTFETTEN

▲ **Erst wenn die Räder sorgfältig gewaschen und getrocknet sind, überprüfen die Mechaniker sie und fetten die entsprechenden Komponenten.**

Einen Tour-Mechaniker dabei zu beobachten, wie er ein Rad reinigt, ist für Radsportfans ein Quell unendlicher Faszination. Die Räder werden in der Regel im Anschluss an die Etappe auf dem Hotelparkplatz direkt hinter der Ladeklappe des Trucks gewaschen. Selbst an trockenen, sonnigen Tagen auf perfekten Straßen werden alle acht Räder gereinigt, manchmal auch alle Ersatzräder – egal, wie sehr sie auch glänzen mögen. Da ist vielleicht zu viel Öl auf der Kette oder den Antriebsstrang-Komponenten, Bremsenabrieb auf der Felge oder Schmutz an Lenker und Oberrohr. Von den Laufrädern werden nicht nur die Felgen, sondern auch die Mäntel gesäubert, sodass in einem zweiten Schritt kontrolliert werden kann, ob sie für die Weiterfahrt taugen.

Wenig überraschend ist, dass die Mechaniker die ganze Prozedur zur hohen Kunst erhoben haben. Fast buchstäblich greift ein Rädchen ins andere: Ein Mechaniker entfettet, wäscht und spült den Renner, der nächste trocknet, schmiert und poliert ihn. Der erste Schritt ist der wichtigste, er dauert nur wenige Minuten und sollte von jedem Radsportler, der regelmäßig fährt, mindestens nach jeder zweiten Ausfahrt erfolgen. Auch wenn Faktor Zeit beim Hobbyradler nicht so entscheidend ist, so sind doch die Tricks der Profis, die Zeit und Mühe ersparen, eine Überlegung wert.

Beim Waschen und Fetten des Rads spielen zwei Faktoren die Hauptrolle: Wie bin ich ausgerüstet, und wie komme ich an schlecht erreichbare Komponenten heran? Ein Tour-Mechaniker, der an vielen Rädern gleichzeitig arbeiten muss, braucht die gesamte Ausrüstung griffbereit. Das Rad sollte mit abmontierten Laufrädern auf Hüfthöhe justiert sein. Das gilt auch für den Hobbyradler, denn es spart viel Zeit und schont Rücken und Knie. Daher steht ein guter Montageständer, mit dem sich das Rennrad fixieren lässt, ganz oben auf der Liste. Dank der abmontierten Reifen kommt man besser an schlecht erreichbare Komponenten heran. Das betrifft besonders den Bereich zwischen Bremsen und Gabel sowie Rahmen, aber auch die kleinen Zwischenräume zwischen Kettenblättern und – sofern noch verbaut – Kurbelstern. Außerdem lassen sich so Laufräder, Mäntel und Kassette besser reinigen.

Ein weiterer rückenschonender Tipp: Schneiden Sie einen Bidon in der Mitte durch, füllen Sie ihn mit Entfetter und stecken Sie ihn in den Flaschenhalter. Platzieren Sie darin auch gleich den Pinsel.

Ein Profimechaniker hat den Dampfstrahler direkt neben dem Rad stehen und gegebenenfalls den Eimer mit Seifenlauge auf einem Wägelchen in Reichweite. Warum soll es im Rücken zwicken, wenn man schwere Wassereimer herumwuchtet? Immerhin reinigen Sie nur Ihr Rad und trainieren nicht Ihre Rumpfmuskulatur.

AUSRÜSTUNG

- Montageständer
- Abgeschnittene Trinkflasche
- Wägelchen oder Eimerhalterung
- Dampfstrahler oder Wasserschlauch
- Gummistiefel, Overall, Handschuhe

WASCHEN UND ENTFETTEN

Die Ausrüstung ist nicht teuer, und mittlerweile gibt es zahlreiche Hersteller, die speziell für die Radreinigung Schwämme und Bürsten anbieten. Wichtigstes Tool ist wohl ein Pinsel zum Entfetten. Viele Profimechaniker bevorzugen einen runden Ringpinsel mit ziemlich steifen Borsten, die so breit und lang sind, dass circa zwei Drittel der Kassette erreicht werden. Mit diesem Pinsel kann man Fettlöser auf Kassette, Kette und Kettenblätter sowie am Schaltwerk und unter den Bremssätteln auftragen. Ein unverzichtbares Tool zum Entfetten der Kette ist ein spezieller Kettenhalter mit Schnellspanner, der so montiert wird, dass die Kette frei läuft.

Mit dem Dampfstrahler spülen die Mechaniker Entfetter und Seifenreste ab. Die Meinungen gehen auseinander, ob das überhaupt ratsam ist, denn bei falscher Handhabung kann die Fettschicht in den Lagern beeinträchtigt werden. Aber die meisten ProTour-Mechaniker verwenden einen Dampfstrahler mit niedrigem Druck und einer Spraydüse, wobei sie möglichst vermeiden, direkt auf ein Lager draufzuhalten. So sollte die Fettschicht an Nabe, Tretlager und Steuersatz nicht beeinträchtigt werden. Etwas mehr Druck hingegen wird bei widerspenstigem Schmutz an Felgen und Mänteln nötig. Dann ist der Dampfstrahler gegenüber einem Gartenschlauch klar im Vorteil.

Schließlich benötigt man einen großen Eimer mit Seifen- oder Spülwasser oder vorzugsweise mit Fahrradwaschmittel sowie zwei Schwämme und eine Flaschenbürste mit langem Stil für die Naben und den Zwischenraum unter den Bremsen. Ein Schwamm ist für die Kette, wenn der Entfetter abgespült worden ist; der andere für die ungefetteten Komponenten am Rennrad. Mit Pinseln und Bürsten in verschiedenen Größen erreicht man auch noch den hintersten Winkel. Profimechaniker sieht man allerdings selten damit, denn ihre Maschinen benötigen niemals solch eine intensive Tiefenreinigung.

Wenn Sie Ihren Renner regelmäßig reinigen und pflegen, können Sie auf die Schabwerkzeuge verzichten, mit dem man einem stiefmütterlich behandelten Rennrad auf die Pelle rücken muss.

AUSRÜSTUNG

- Rundkopf-Bürste zur Fettentfernung
- Wasserschlauch oder Dampfstrahler
- Großer Eimer
- Zwei Schwämme
- Flaschenbürste mit langem Griff
- Fahrradreiniger
- Entfetter
- Verschiedene Bürsten und Spachtel

◀ **Eine abschnittene Trinkflasche eignet sich gut für die Aufnahme von Entfetter und Pinsel.**

SCHRITT FÜR SCHRITT

1 Befestigen Sie das Rennrad mit Hinterrad auf einem Montageständer. Der Antriebsstrang sollte ich auf Hüfthöhe befinden, und das Rad sollte sich frei im Raum um 360 Grad drehen können. So können Sie leicht an alle Bereiche heranreichen.

2 Schalten Sie vorn auf das große Kettenblatt und tragen Sie Entfetter auf, indem Sie ihn mit der Rundkopfbürste an der Außenseite der Kette wie auch auf das große Kettenblatt auftragen. Dann sind die Rückseite der Kette sowie der Kettenblätter an der Reihe. Achten Sie auf den kleinen Zwischenraum an der Stelle, wo die Kettenblätter mit dem Spider verschraubt sind. Schalten Sie dann auf das kleine Blatt, um alle Zähne gründlich reinigen zu können.

3 Drehen Sie die Pedale weiter und drücken Sie die Borsten in die Ritzelzwischenräume. Schalten Sie hoch oder runter, damit kein Ritzel versehentlich ausgelassen wird. Stellen Sie sicher, dass weder Schmutz noch verklumpte Ölrückstände in den Ritzelzwischenräumen zurückbleiben. Tragen Sie Entfetter auf Umwerfer, Schaltwerk, Schaltröllchen und unter den Bremsen auf.

4 Spülen Sie nun den Fettlöser mit Dampfstrahler oder Wasserschlauch ab. Bei der Kette und der Kassette dürfen Sie ruhig verschwenderisch vorgehen. Setzen Sie die Düse aber von oben und nicht von der Seite an, um die Lager zu schützen. Drehen Sie die Pedale rückwärts, wenn Sie Kette, Kettenblätter und Kassette spülen.

5 Halten Sie die Kette mit dem nassen Kettenschwamm in der Faust fest umklammert und machen Sie einige weitere Pedalumdrehungen. Kette, Kettenblätter und Kassette sollten jetzt wie neu erstrahlen.

6 Montieren Sie das Hinterrad ab und spülen Sie das Rennrad mit sauberem Wasser von oben nach unten ab. Versuchen Sie, so viel Schmutz wie möglich abzutragen, um bei der anschließenden Reinigung mit dem Schwamm Kratzer zu vermeiden.

7 Tauchen Sie den Schwamm in heißes Wasser mit Fahrradreiniger und arbeiten Sie sich nun vom Sattel weiter nach unten vor. Heben Sie den Rahmen etwas an, um auch die Unterseite des Tretlagergehäuses gut zu erreichen.

TOUR-TIPP

Durch regelmäßiges Waschen und Polieren sieht Ihr Fahrrad wie neu aus. Je weniger Schmutz Sie abwaschen müssen, desto leichter lässt sich der makellose Look erhalten. Ein halbwegs sauberer Renner ist einfacher zu reinigen als ein dreckstarrendes Rad.

1
PINARELLO

2
DOGMA
PINARELLO
sky

3
Muc-Off

4

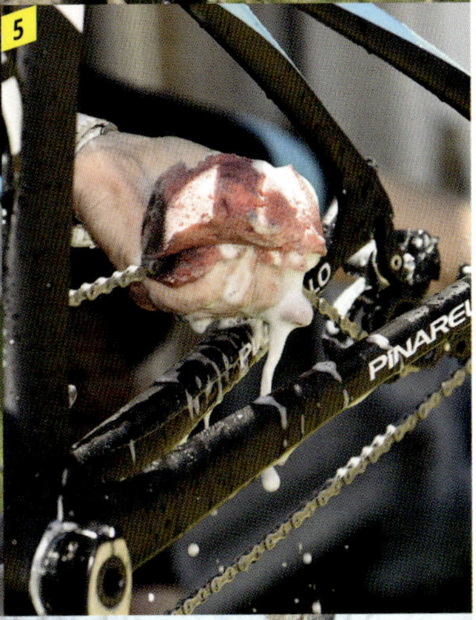
5
PINAREL

6
TEAM
on teamsky.com
DOGMA
PINARELLO
sky

7
sky
PINARELLO
LCL
5

FAHRRADWÄSCHE UND FINISH

▶ **Es ist leichter, die Reifen zu reinigen und zu prüfen, wenn die Laufräder demontiert sind. Vergessen Sie nicht, die Mäntel abzuschrubben!**

8 Reinigen Sie den Bereich unter dem Sattel, die Gabelinnenseiten bis hoch zur Vorderbremse, die Innenseite der Kettenstreben und das Sitzrohr unter dem Tretlager. Mit Schwamm und Flaschenbürste erreichen Sie auch enge Zwischenräume an Bremse und Schaltung. Reinigen Sie Umwerfer, Schaltwerk und Pedale.

9 An den Schaltröllchen sollten keine harten Rückstände mehr haften. Falls doch, entfernen Sie sie mit Entfetter oder einem Spachtel. Danach schrubben Sie das Lenkerband mit Schwamm oder Bürste.

10 Mit Schwamm (oder langstieliger Flaschenbürste) und Seifenwasser werden Felgen, Speichen und Naben gereinigt. Umklammern Sie mit dem Schwamm eng den Mantel und drehen Sie das Rad. Zu guter Letzt spülen Sie die Laufräder mit sauberem Wasser ab.

CONTINENTAL
ULTRA 50
BORA
CAMPAGNOLO
CONTINENTAL
COMPETITION

TROCKNEN, SCHMIEREN UND POLIEREN

Erstrahlt das Rad in neuem Glanz, beginnt der zweite Teil der Arbeiten. Diese werden vielleicht von demselben Mechaniker ausgeführt, der das Rad bereits gewaschen hat. Erfolgt die Arbeit dagegen in einer Art Fließbandsystem, wird das Rad weitergereicht und erhält dann an einem Platz den letzten Schliff, wo weniger Spülwasserreste und Seifenlauge den Boden nass machen.

Zunächst nimmt der Mechaniker das Rad vom Ständer und stellt es vorsichtig zur Seite. Ist der zweite Mechaniker fertig, holt er sich das Rad, montiert es auf den eigenen Ständer und fängt an, die Maschine zu trocknen. Im Teamtruck installierte Kompressoren erzeugen genügend Luftdruck und sind mittlerweile häufiger anzutreffen. Mit dem Luftschlauch treibt man das Wasser auch aus beweglichen oder versiegelten Teilen, ob mechanisch oder elektrisch. Lappen oder Handtücher reichen aber in der Regel für das sorgfältige Abwischen von Rahmen und Reifen aus.

▼ Mit Luftdruck lässt sich bequem die Feuchtigkeit an empfindlichen Komponenten austreiben.

AUSRÜSTUNG

- Luftdruck-Kompressor
- Mikrofasertücher/Handtücher/Lappen
- Silikonspray/Politur
- Wasserabweisendes Versiegelungsspray
- Kettenöl/Kettenfett
- Fett

WARUM EIN SAUBERES UND POLIERTES RAD SO WICHTIG IST

Moderne Räder sind allwettertauglich, aber auch viel anspruchsvoller als die alten Drahtesel. Selbst eine kleine Menge Wasser zur falschen Zeit am falschen Ort kann Komponenten wie die eingepressten innen liegenden Lager in Steuersatz, Tretlager und Naben beschädigen. Oft übersehen werden die Lager an den Schaltröllchen sowie die Gelenke in Bremsen, Umwerfer und Schaltwerk. Dringt Feuchtigkeit ein, zersetzt sie mit der Zeit Fett und Öl und sorgt für Korrosion, zerstört die Lager und beeinträchtigt die korrekte Funktion anderer Komponenten. Elektronische Komponenten von der Schaltung bis zu Radcomputern und Wattmessern sind mittlerweile Standard bei der Tour de France.

Kabel und Anschlüsse sind besonders empfänglich für Korrosion. Feuchtigkeit kann sogar zum Kurzschluss führen. Zwar sind die Komponenten versiegelt und wasserfest, aber eben auch extrem leicht gebaut. Der kleinste Fehler könnte einem Fahrer die Tour verhageln, daher darf bei der Reinigung des Renners nichts dem Zufall überlassen werden. Es mag wie eine kosmetische Verschönerungsmaßnahme aussehen, ist aber ungemein wichtig: Ein verpasster Etappensieg oder gar mehr ist ein hoher Preis für eine kleine Fehlfunktion.

Die Radpolitur gilt tatsächlich mehr dem Look, aber die Tour de France ist der Marketing-Goldesel für die Rad- und Komponentenhersteller, die mit den 22 Teams zusammenarbeiten. Die Fans an den Teambussen und -fahrzeugen reisen an, um Fahrer sowie Rennräder zu bestaunen. Im Minutentakt werden vor dem Teambus die acht auf Hochglanz polierten Räder begutachtet, um die die Mechaniker herumwuseln und an denen sie letzte Änderungen vornehmen. Doch die Politur hat noch einen anderen Grund: Lack und Carbon eines sauberen und polierten Rennrads sind nicht nur besser geschützt, sondern bei der nächsten Wäsche lassen sich auch Schmutzpartikel viel leichter entfernen.

Den Aufwand, den die Mechaniker bei der Tour betreiben, beweist wohl, dass die Politur mehr als nur einen Zeitvertreib darstellt. Vielleicht ist sie sogar der wichtigste Job des Tages. Denn *Quality Time* mit dem High-Performance-Renner bedeutet mehr als nur schnödes Herausputzen.

Ein Rad zu reinigen ist nicht dasselbe wie ein Auto zu waschen, das ganzjährig ohne negative Auswirkungen draußen stehen kann. Einmal durch die Waschstraße, und es sieht wieder aus wie neu – die Funktion wird in keiner Weise beeinträchtigt.

▲ **Schützen Sie den Felgenbereich hinter dem Schaltwerk mit einem Lappen.**

Doch beim Rad ist das anders. Schmutz und Ölreste werden den Verschleiß an einem ungepflegten Rennrad beschleunigen, selbst wenn es nur einige Ausfahrten auf dem Tacho hat. Die Lebensdauer wird kürzer, und die Chance auf eine größere Panne steigt.

Ein gepflegtes Rennrad hingegen läuft bei minimalem Verschleiß garantiert geschmeidig. Außerdem hat der Mechaniker so die Möglichkeit, täglich eine Bestandsaufnahme zu machen: Wo muss ich noch etwas einstellen? Welche Teile sollte ich im Auge behalten? Die tägliche Inspektion an jedem Rad ist entscheidend – und selbst an einem technisch ausgefeilten Rennrad mit Präzisionskomponenten gibt es immer noch etwas zu optimieren.

TOUR-TIPP

Mit einem verkürzten Stutzen lässt sich das Spray viel genauer an der entsprechenden Komponente auftragen.

SCHRITT FÜR SCHRITT

▲ **Verwenden Sie ein altes Handtuch oder ein weiches Tuch, um den Rahmen abzuwischen.**

1 Trocknen Sie das Rad mit dem Luftschlauch, vor allem die Bereiche, in denen sich das Wasser festgesetzt haben könnte. Darunter fallen alle Schrauben, Kabelanschlüsse, die Gelenke an Bremsen, Umwerfer und Schaltwerk sowie die Zwischenräume am Gabelkopf und an der Unterseite von Steuersatz und Tretlager. Darüber hinaus gehören dazu alle Befestigungen für den Radcomputer und alle Anschlüsse für den Wattmesser.

2 Falls Sie kein Luftdruckgerät haben, lassen Sie das Rad in der Sonne oder einer frischen Brise trocknen und ledern es mit einem Lappen ab, wobei Sie die oben genannten Bereiche so gut es geht abdecken. An den schlecht erreichbaren Stellen rückt vielleicht ein Spritzer wasserabweisendes Öl der Feuchtigkeit zu Leibe. Schützen Sie mit einem öligen Putzlappen den Bereich hinter der anvisierten Komponente und wischen Sie nochmals um die betreffende Stelle herum.

3 Tragen Sie Silikonspray auf den Rahmen sowie auf alle Komponenten aus Carbon auf, bevor Sie diese Partien mit einem sauberen, weichen Lappen auf Hochglanz polieren. Dann folgen die Innenseiten von Gabel und Kettenstreben sowie die Trinkflaschenhalterungen, besonders wenn sie aus Carbon sind. An lackierten oder Stahlrahmen erhält man mit Wachspolitur nahezu denselben Effekt.

4 Mit Spray oder Schmieröl aus der Flasche tragen Sie kleine Tupfer auf die Bremsgelenke, die frei liegenden Bremszüge sowie deren Stellschrauben, die Gelenke am Schaltwerk sowie die Lager der Schaltröllchen auf. Überschüssiges Öl oder Spray entfernen Sie mit einem Lappen.

5 Montieren Sie das Hinterrad und schalten Sie die Kette auf das mittlere Ritzel. Verwenden Sie Öl für nasse oder trockene Bedingungen und halten Sie die Spitze des Fläschchens möglichst nah oder direkt an die Kette am Schaltwerk. Nun versehen Sie jedes Kettenglied mit einem kleinen Öltupfer. Beginnen Sie am Kettenschloss und drehen Sie die Pedale langsam, aber gleichmäßig, bis Sie wieder am Kettenschloss angekommen sind.

1

2

3

4

5

6

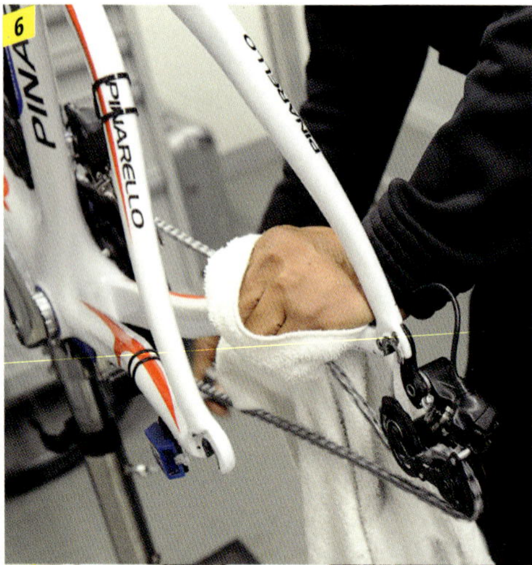
PINARELLO

7

sky | PRO CYCLING
PINARELLO

8

sky | PRO CYCLING
PINARELLO

9

10

sky
DOGMA
PINARELLO

6 Falls Sie mit einer langen Regenausfahrt rechnen, ist es ratsam, die Kette von außen einzufetten und sozusagen zu versiegeln. Einfach etwas wasserabweisendes Schmierfett zwischen Daumen und Zeigefinger geben und die Kette mehrere Male durchlaufen lassen. Überschüssiges Fett mit einem Lappen entfernen.

7 Trocknen Sie die Laufräder mit einem Handtuch oder sauberen Lappen. Sie dürfen nicht poliert oder auf der Bremsabriebfläche gefettet werden, egal, ob an der Felge oder der Scheibe bzw. an den Bremsbacken. Prüfen Sie, ob sich die Schnellspanner ohne Probleme öffnen lassen oder vielleicht korrodiert sind. Geben Sie ganz wenig Öl auf den Hebel und die Oberfläche der Nocke. Wischen Sie den Schnellspanner mit einem öligen Lappen behutsam ab.

8 Nun sind die Mäntel dran. Untersuchen Sie aufmerksam das Profil und achten Sie besonders auf die Lauffläche, ob dort Splitter oder Dornen stecken. Falls ja, ziehen Sie sie vorsichtig heraus. Falls ein Loch im Schlauch ist, erkennt man es an aufsteigenden Luftbläschen, wenn man den Reifen ins Wasser hält.

9 Ist das Loch so groß, dass man den Schlauch erkennen kann, sollte der Mantel ausgetauscht werden. Im Notfall hilft auch etwas Kautschukkleber. Prüfen Sie die Lauffläche und die Reifenwände auf Risse und Einschnitte. Bei einer Wulst oder einem frei liegendem Schlauch muss der Schlauchreifen ersetzt werden.

10 Nehmen Sie das Rad vom Montageständer und spannen Sie das Vorderrad ein. Kontrollieren Sie nochmals den Sitz der Schnellspanner an Vorder- und Hinterrad. Die Hebel sollten nicht zu fest angezogen sein und immer auf der linken Seite herausragen – am Vorderrad in horizontaler Stellung nach hinten und am Hinterrad im Winkel zwischen Sitz- und Kettenstrebe.

TOUR-TIPP

Wenn Sie Laufräder transportieren, sollten Sie einen Radkoffer verwenden, um Speichen, Felgen und Mäntel zu schonen. Reisen Sie mit dem Flugzeug, lassen Sie vorher Luft ab, damit die Schläuche wegen des geringeren Luftdrucks in der Höhe nicht platzen.

Viele Arbeiten eines Mechanikers bei der Tour de France bestehen aus Routinekontrollen mit ein paar simplen Werkzeugen.

KAPITEL 9

TÄGLICHE WARTUNGSARBEITEN

Sind die Räder gewaschen und gefettet, arbeiten die Mechaniker eine Checkliste ab und nehmen Einstellungen vor. Diese Aufgaben mögen nicht so anspruchsvoll sein, sie sind aber entscheidend, damit das Rad sicher und geschmeidig seine 200 Kilometer oder mehr über den Asphalt rollt. Man muss den Überblick behalten, dann lassen sich Probleme frühzeitig erkennen und beseitigen, bevor sie aus dem Ruder laufen.

TÄGLICHE WARTUNGSARBEITEN

SCHRAUBEN UND BREMSEN PRÜFEN UND JUSTIEREN

Nach jeder Etappe der Tour ziehen die 22 Teams in ihrem jeweiligen Hotel ein, wo die Mechaniker bereits am Teamtruck warten. Anschließend folgt das tägliche Ritual aus Waschen, Fetten, Polieren und Kontrollieren. Bis zu 16 Räder – die acht, mit denen das Team unterwegs war, sowie die acht Ersatzräder – stehen in einer Reihe auf Montageständern und werden von wenigstens zwei Mechanikern gewaschen und getrocknet. Sind die Räder trocken, gefettet und poliert, beginnen die anderen beiden Mechaniker mit den täglichen Wartungsaufgaben.

SCHRAUBEN UND BREMSEN PRÜFEN

Zunächst werden die Schrauben geprüft und kleine Einstellungen vorgenommen, wenn der Mechaniker das Rad trocknet und einfettet. Ein erfahrener Mechaniker spürt sofort, wenn sich etwas merkwürdig anfühlt oder anhört.

Manche Mechaniker vertrauen auf einen Inbusschlüssel, mit dem sich das Drehmoment exakt festlegen lässt. Ein typischer Schlüssel hat ein Drehmoment von null bis sieben Newtonmeter (Nm) oder einen voreingestellten Wert von fünf Newtonmeter. Mit Drehmomentschlüsseln aus der Autoindustrie lässt sich noch mehr Kraft entfalten, doch sie sollten nur an Komponenten wie Kassette oder Verschlussringen für Scheibenbremsen zum Einsatz kommen.

Einige Mechaniker arbeiten nach Gefühl. Drei Innensechskantgrößen zwischen vier und sechs Millimeter sind für die meisten anfallenden Aufgaben geeignet. Allerdings sollten nur sehr erfahrene Mechaniker darauf vertrauen, wenn sie Schrauben an Komponenten aus Carbon anziehen. Carbon ist zwar extrem stabil und steif, aber selbst bei einer kleinen Druckerhöhung – wenn etwa punktuell durch eine Klemme Kompressionskräfte einwirken – auch sehr fragil. Teile aus Aluminium sind robuster, aber ebenfalls anfällig, wenn zu viel Kraft auf den Inbus gegeben wird. Selbst Aluminiumgewinde, die in Komponenten aus Carbon oder Aluminium verbaut sind, können leichter beschädigt werden als ein Stahlgewinde und werden daher leicht zu fest angezogen.

Der Tour-Mechaniker arbeitet sich also von oben nach unten vor, beginnend bei den Schrauben an Lenker und Vorbau, dann an Bremsen und Bremsbelägen, Sattelklemme und Flaschenhalterung. Die Schrauben am Antriebsstrang werden in-

▲ Der Mechaniker prüft, ob sich die Sattelstütze bewegt oder locker ist.

▶ Der Reifendruck wird je nach Wetter- und Straßenbedingungen gewählt.

klusive der Schrauben an Schaltwerk und Kettenblättern geprüft. Aber: Die Schrauben werden kontrolliert, nicht unbedingt angezogen. Falls sie bereits ordnungsgemäß sitzen, würde man sie zu fest anziehen und das Material überbeanspruchen.

Nachdem die Spannschraube und die frei liegenden Züge an den Bremsen eingesprüht wurden, zieht der Mechaniker vielleicht die Spannschraube an und löst das Schräubchen, mit dem der Bremszug befestigt ist. Sodann werden die Bremsarme zusammengedrückt, bis die Beläge auf der Felge aufliegen, und das Schräubchen wird erneut angezogen. Erst im Anschluss erfolgt durch leichtes Herausdrehen das Feintuning. Sind die Bremsen stark beansprucht worden, sind sie nun wieder auf dem ursprünglichen Stand wie vor dem Start der Etappe.

Die Bremsbeläge sollten ausgetauscht werden, wenn das Material auf die Verschleißanzeige heruntergebremst wurde. Eine Inaugenscheinnahme reicht, besonders nach feuchten Etappen auf schmutzigen Straßen, wenn der Bremsverschleiß alarmierend ansteigen kann. Die Bremsbeläge werden seitlich in den Bremsschuh geschoben, wobei das geschlossene Ende nach vorn zeigt, und mit einer kleinen Gewindeschraube gesichert. Die Schraube, mit der der Bremsschuh gesichert wird und mit der sich zudem der korrekte Winkel zur Felge justieren lässt, sitzt außen am Bremsarm. Der Abstand der Bremsbelag-Oberfläche sollte nicht mehr als zwei Millimeter von der Felgenwand betragen. Sind die Bremsen exakt parallel, greifen sie besser und ohne störende Quietschgeräusche.

SCHRITT FÜR SCHRITT

1 Arbeiten Sie am Rennrad von oben nach unten und prüfen Sie die kleineren Inbusschrauben (gebräuchlich sind die Größen vier, fünf und sechs Millimeter). Der Einfachheit halber und zur eigenen Sicherheit sollten Sie einen Drehmoment-Inbusschlüssel verwenden oder einen Schlüssel mit drei Innensechskantbits, der auf ein Drehmoment von fünf Newtonmeter voreingestellt ist.

2 Für gewöhnlich sollten die Schrauben an folgenden Komponenten mit einem Drehmoment von fünf Newtonmeter angezogen werden: Lenker und Vorbau, Bremsgelenke, -hebel und -beläge, Sattelklemme sowie Flaschenhalter. Prüfen Sie die Schrauben an den Kettenblättern und die Befestigungsschraube am Schaltwerk.

3 Stellen Sie bei montierten Laufrädern sicher, dass die Stellschraube oberhalb der Bremsgelenke ganz nach unten geschraubt ist (oberhalb der Stellschraube sollte kein Gewinde mehr herausragen).

4 Ziehen Sie den Bremshebel zurück. Der gesamte Hebelweg bis hin zum Lenkerbogen sollte nicht mehr als ein Drittel des gesamten Wegs betragen, bevor die Bremsen greifen. Falls nicht, sollte die Bremse nachjustiert werden.

5 Pressen Sie die Bremsbeläge von Hand gegen die Felge und lösen Sie die Schraube, die den Bowdenzug hält. Nun drücken Sie die Bremsen sanft gegen die Felge und ziehen die Schraube mit einem Drehmoment von sechs bis acht Newtonmeter an.

6 Ziehen Sie den Bremshebel zwecks Überprüfung der Neujustierung an und kontrollieren Sie, dass die Beläge nicht an der Felge entlangschleifen.

7 Touchieren die Bremsbeläge die Felge nicht gleichzeitig, prüfen Sie zunächst die korrekte Ausrichtung des Laufrads. Lösen Sie den Schnellspanner und drücken Sie das Rad kräftig in die Ausfallenden.

TOUR-TIPP

Verwenden Sie eine Quetschhülse, um die frei liegenden Drahtenden vor dem Ausfransen zu schützen. Der Draht sollte die Sicherungsschraube um nicht mehr als 4 cm überragen. Kürzen Sie das Drahtende mit dem Kabelschneider und klemmen Sie die Quetschhülse mittels Zange am Ansatz sowie in der Mitte zusammen.

1
2-16 Nm

2
MOST
TEAM
sky

3

4

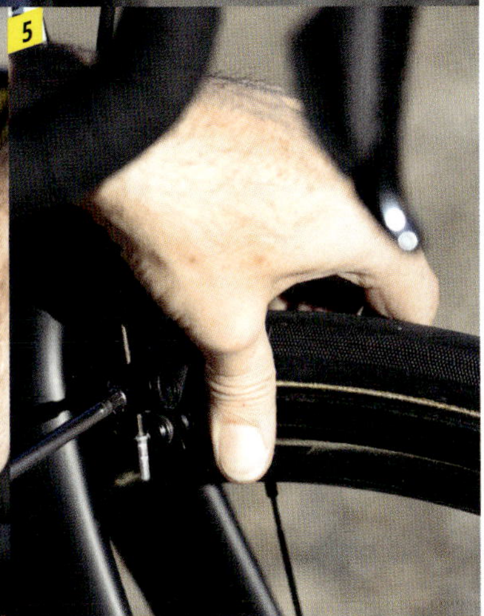
5

6
MOST

7
PINARELLO

8 Bleibt das Problem bestehen, greifen Sie beide Bremsarme und justieren die Ausrichtung von Hand. Sie können die Bremsen auch über die Gewindeschräubchen oberhalb oder seitlich der Bremsarme justieren.

9 Zum Wechseln der Bremsbeläge klappen Sie den Entspannhebel auf, lösen die Bremsschuhe und nehmen sie heraus. Dann lösen Sie die Gewindeschraube am Bremsschuh, bis der Bremsbelag locker sitzt und sich seitlich herausschieben lässt. Setzen Sie den neuen Bremsbelag ein und ziehen Sie die Gewindeschraube wieder an.

10 Setzen Sie den Bremsschuh ein und ziehen Sie die Schrauben an, dann klappen Sie die Entspannhebel wieder ein. Indem Sie die Bremshebel anziehen, richten Sie die Bremsbeläge parallel zur Felge aus. Zur exakt parallelen Ausrichtung schieben manche Mechaniker eine Kreditkarte zwischen Bremsbeläge und Felge und ziehen den Bremsschuh bei angezogenen Bremsen fest.

TÄGLICHE WARTUNGSARBEITEN

LAUFRÄDER PRÜFEN UND SCHALTUNG EINSTELLEN

Bevor das Hinterrad wieder montiert wird, werden die Reifen an beiden Laufrädern mit einem Lappen gesäubert und sorgfältig auf Abrieb, Beschädigungen oder kleine Fremdkörper kontrolliert, die sich in den Mantel gebohrt haben könnten. Der Mechaniker dreht den Reifen langsam von Hand und sucht nach kleinen Rissen, in die sich vielleicht ein Steinchen eingenistet hat – diese können den Mantel weiter beschädigen bis hin zum Plattfuß. Alles, was dicker als ein Nadelstich ist, führt zum sofortigen Wechsel des Schlauchreifens. Für einen enthusiastischen Rennradfahrer wäre diese Maßnahme sicherlich übertrieben, dennoch sollte er vorsichtig jeden Fremdkörper aus dem Mantel entfernen.

Das Hinterrad wird montiert, und nun folgt die letzte Aufgabe des Reinigungsprozesses: das Abwischen von überschüssigem Kettenöl oder -fett sowie die Prüfung des Freilaufs aller Gänge, unabhängig davon, ob eine elektronische oder eine herkömmliche Schaltung installiert ist.

Wenn es eine Sache gibt, die Fahrer frustriert, so ist es ein Rennrad mit schlecht eingestellter Gangschaltung, bei der im schlimmsten Fall nicht alle elf oder zwölf Ritzel angewählt werden können. Mit einer Hand an den Schalthebeln oder -knöpfen und der anderen am Pedal, kurbelt der Mechaniker mit hoher Geschwindigkeit und achtet mit Argusaugen und gespitzten Ohren auf den korrekten Lauf, wenn er die Kette hoch- und runterschaltet.

Wenn es beim Gangwechsel irgendwo hakt oder die Kette nicht geschmeidig über ein Ritzel läuft, kann man bei einer normalen Zugschaltung über die kleinen Anschlag- und Stellschräubchen hinten am Schaltwerk die Feinjustierung der Schaltung vornehmen. Ein Profiteam wird allerdings kaum die L- bzw. H-Schrauben am Schaltwerk justieren müssen, mit denen sich der Lauf auf dem größten und kleinsten Ritzel eingrenzen lässt, noch werden die Mechaniker den Abstand zwischen dem oberen Schaltröllchen und dem größten Ritzel einstellen.

Schon wahrscheinlicher ist es, dass ein Schaltzug getauscht werden muss. Deshalb prüfen die Mechaniker, ob alle Schaltzüge frei laufen und keine Beschädigungen an Draht und/oder Ummantelung vorliegen, besonders im Bereich von der Rückseite der Kettenstrebe bis hin zum Schaltwerk.

▲ Kontrollieren Sie immer den Mantel. Durch sorgfältiges Abtasten lässt sich oftmals eine kleine Einstichstelle ausmachen.

▼ Prüfen Sie zweimal, ob der Schnellspanner nicht zu fest oder zu leicht angezogen ist.

Dieser Teil ist besonders anfällig für Regen, sodass ein schneller Gangwechsel buchstäblich ins Wasser fällt. Der Kabelkanal muss sauber und frei von Verschmutzungen sein.

Beim ersten Anzeichen, dass der Draht nicht mehr so geschmeidig ist, oder auch routinemäßig wird der Bowdenzug gewechselt. Neue Züge verändern das Fahrgefühl, das Rad fühlt sich wie neu an. Bowdenzüge kosten fast nichts, und wenn konstant Probleme auftauchen und die Gänge sich nicht glatt schalten lassen oder der Schalthebel sich über die Maßen schwergängig betätigen lässt, sind neue Züge das erste Gebot, um die Situation zu entschärfen.

Die meisten Probleme treten am hinteren Schaltwerk auf, ist doch der Kabelweg zum vorderen viel kürzer, wo zudem nur zwei Kettenblätter zur Wahl stehen. Ist der Umwerfer korrekt für das große Kettenblatt ausgerichtet, sollten die Gangwechsel vorn problemlos funktionieren – solange die Kettenblätter nicht gewechselt werden. Ein Wechsel des großen Kettenblatts zieht allerdings eine kleine Korrektur nach sich: Mit einem Inbusschlüssel müssen der Umwerfer neu justiert und die Kettenspannung eingestellt werden.

Die Kabelführung läuft über gewundene Stahlzüge, die zum Schutz innerhalb eines Kabelschlauchs verlaufen. Die Bowdenzüge für die Schaltungen sind dünner als die Bremszüge und laufen an modernen Rädern oftmals außerhalb des Rahmens, anders als bei der Verkabelung einer elektronischen Schaltung. Ist die Kabelhülle noch intakt, empfiehlt sich kein Austausch; nur das kurze Stück, das in das hintere Schaltwerk führt, sollte wegen der oben genannten Gründe häufiger ersetzt werden.

▶ **Einmal alle Gänge durchschalten gehört zu den täglichen Aufgaben im Anschluss an die Etappe.**

TÄGLICHE WARTUNGSARBEITEN

SCHRITT FÜR SCHRITT

1 Prüfen Sie die Mäntel beider Laufräder und trocknen Sie sie sorgfältig mit einem weichen Lappen ab. Drehen Sie sie langsam und untersuchen Sie die Reifen auf Beschädigungen wie Löcher und Risse, in die sich Fremdkörper gebohrt haben können. Entfernen Sie Steinchen, Glassplitter oder Dornen. Ist der Riss nur ein paar wenige Millimeter dick, reicht die Abdichtung mittels Kleber aus einem gewöhnlichen Flickzeug-Set. Bei größeren Rissen, besonders wenn der Schlauch sichtbar ist, wird bei der Tour der Reifen ausgetauscht.

2 Das Rad ist immer noch im Montageständer, die Kette sollte bereits geölt sein. Drehen Sie die Pedale und schalten Sie auf dem großen und dem kleinen Blatt alle Gänge durch. Stellen Sie sicher, dass die Kette auf dem größten Blatt bei kleinstem Ritzel und umgekehrt sauber läuft. Wenn Sie auf jedem Blatt die Kassette hoch- und runterschalten, schenken Sie den mittleren Ritzeln Ihr besonderes Augenmerk.

3 Wenn das Schaltwerk an beiden Enden der Kassette korrekt ausgerichtet ist und das obere Schaltröllchen sauber unter den Ritzeln sitzt, schalten Sie auf den höchsten Gang (kleinstes Ritzel, großes Kettenblatt), um die Zugspannung zu prüfen. Der Schaltzug, der in das Schaltwerk führt, darf nicht locker sitzen.

▲ **Hier wird ein Reifen aufgepumpt und das Ventil geprüft.**

TOUR-TIPP

Trockenschmiermittel für die Kette werden mittels Fläschchen aufgetragen. Drehen Sie die Kette und achten Sie darauf, dass jedes Glied etwas Schmierung erhält. Eine Stunde einwirken lassen, dann mit einem Öltuch abwischen.

4

5

6

7

8

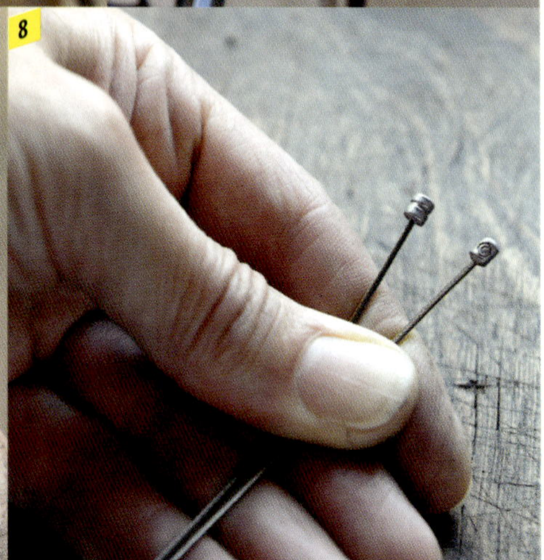

9

10

4 Sitzt der Schaltzug hingegen locker, drehen Sie zunächst die B-Tension-Schraube am Schaltwerk ganz hinein und anschließend eine Umdrehung heraus. Lösen Sie die Zugeinstellschraube und ziehen Sie dabei den Bowdenzug mit den Fingern oder einer Flachzange so lange, bis er auf seiner gesamten Länge gespannt ist.

5 Schalten Sie in den höchsten Gang und vergewissern Sie sich, dass die Schaltröllchen im Schaltkäfig genau in einer Linie mit dem kleinsten Ritzel laufen. Dann schalten Sie einmal auf das nächstgrößere Ritzel.

6 Wenn der Gangwechsel nicht reibungslos klappt, also leicht verzögert oder nunmehr nicht mehr glatt läuft, drehen Sie die B-Tension-Schraube eine Vierteldrehung nach links oder rechts: Drehen Sie nach rechts, bewegt sich das Schaltwerk nach unten hinten, drehen Sie nach links, bewegt es sich nach oben vorn.

7 Schalten die Gänge zwischen diesen beiden Ritzeln sauber, sollte das Schaltwerk korrekt justiert sein. Prüfen Sie zur Sicherheit noch einmal alle Gänge durch. Vielleicht muss auf den mittleren Ritzeln noch einmal etwas nachjustiert werden. Arbeiten Sie so lange, bis der optimale Winkel für alle Gänge gefunden ist.

8 Bevor Sie einen Schaltzug wechseln, müssen Sie sich den richtigen Bowdenzug für Ihre Schaltung besorgen. Sicherheitshalber sollten Sie immer den Schaltzug von derselben Marke kaufen oder aber Ersatzzüge, die speziell für Ihre Schaltung gefertigt wurden. Es ist sehr wichtig, dass der Bowdenzug die richtige Größe hat und die Zugenden mit dem Schalthebel kompatibel sind.

9 Prüfen Sie die Bereiche, die frei verlaufen, besonders das Stück kurz vor dem hinteren Schaltwerk. Ist der Bowdenzug verschlissen oder hat sich schon eine Dreckkruste gebildet, sollte er ausgetauscht werden. Die Kabelhülsen müssen perfekt auf den Kabelenden sitzen, außerdem sollte die Zugführung sauber und ohne scharfe Knicke laufen.

10 Moderne Bowdenzüge brauchen kein Öl mehr, da ihre Hülle aus Nylon besteht. Schieben Sie den Zug vorsichtig durch die Kabelhülle und schrauben Sie das nackte Zugende mit einem Inbusschlüssel am Schaltwerk fest. Ziehen Sie den Zug an, bis er stramm sitzt, dann ziehen Sie die Schraube fest an. Kürzen Sie mit einem Kabelschneider das überstehende Ende, sodass noch etwa vier Zentimeter die Klemme überragen. Eine Quetschhülse schützt das Zugende vor Ausfransen.

▲ **Schützen Sie das Zugende mit einer Quetschhülse gegen Ausfransen.**

TOUR-TIPP

Verwenden Sie nur Kabelschneider und keine herkömmlichen Zangen, um Drähte abzuklemmen, denn die Enden können ansonsten schnell ausfransen. Zwar benötigt man einen Kabelschneider nicht sehr oft, aber dennoch gehört er zur Standardausrüstung.

Gerade zu Beginn einer Etappe werden oftmals die Mechaniker benötigt, um am Funkgerät etwas einzustellen oder zu reparieren.

KAPITEL 10

ELEKTRONIK: TÄGLICHE AUFGABEN

Die Elektronik hat bei allen Profiteams Einzug gehalten. Geschaltet wird dank Batterieunterstützung, während Wattmesser detaillierte Leistungsdaten auf den Radcomputer übertragen. An den meisten Tour-Rädern werden nur noch die Bremsen über Züge betätigt, aber da hydraulische Scheibenbremsen immer beliebter werden, kommt das Rennrad der Zukunft wohl komplett kabellos daher.

ELEKTRONISCHE SCHALTUNG

▲ Die batteriebetriebene elektronische Schaltung von SRAM RED eTap.

Man muss sich nur die unzähligen Mehrfachstecker anschauen, die an den Trucks ausgelegt sind, schon weiß man, dass die wichtigste Komponente eines modernen Rennrads die aufladbare Batterie ist. Noch vor Kurzem unvorstellbar, hat die revolutionäre Entwicklung in der Elektronik die Idee vom Rad als rein manuell betriebenes Gerät völlig auf den Kopf gestellt. Natürlich muss der Fahrer noch auf die Pedale treten, aber wie er seinen Fortschritt steuert und überwacht, hat heute mehr mit einem Bordcomputer als mit einem Fahrrad zu tun.

ELEKTRONISCHE SCHALTUNGEN

Die wohl augenscheinlichste Entwicklung in neuerer Zeit ist die elektronische Schaltung, die nahezu an jedem Rad zu finden ist. Elektronische Schaltungen sind wie so vieles nichts Neues im Radsport, bereits 1990 versuchten sich einige Hersteller daran, eine Schaltung zu entwickeln, die sowohl Hobby- als auch Rennfahrern das Leben erleichtern würde. Aber es dauerte bis 2009, als der japanische Komponentenriese Shimano schließlich seine elektronisch betriebenen Schaltwerke auf den Markt brachte, die auch im Profizirkus für gut genug befunden wurden. Damals gingen erste Teams bei der Tour dazu über, ihre Räder mit der Shimano Dura-Ace Di2 auszustatten. Die legendäre Schaltgruppen-Schmiede Campagnolo zog 2011 mit dem eigens entwickelten EPS nach. Beide Systeme ähnelten sich: Die Gänge wurden mittels Servomotoren geschaltet, Strom lieferte eine einzelne Batterie, und die Verkabelung verlief innerhalb des Rahmens. Eine kleine Steuereinheit unter dem Vorbau, später dann zunehmend in Rahmen oder Lenker integriert, lieferte Daten zu Ladestand der Batterie oder Tuning-Funktionen.

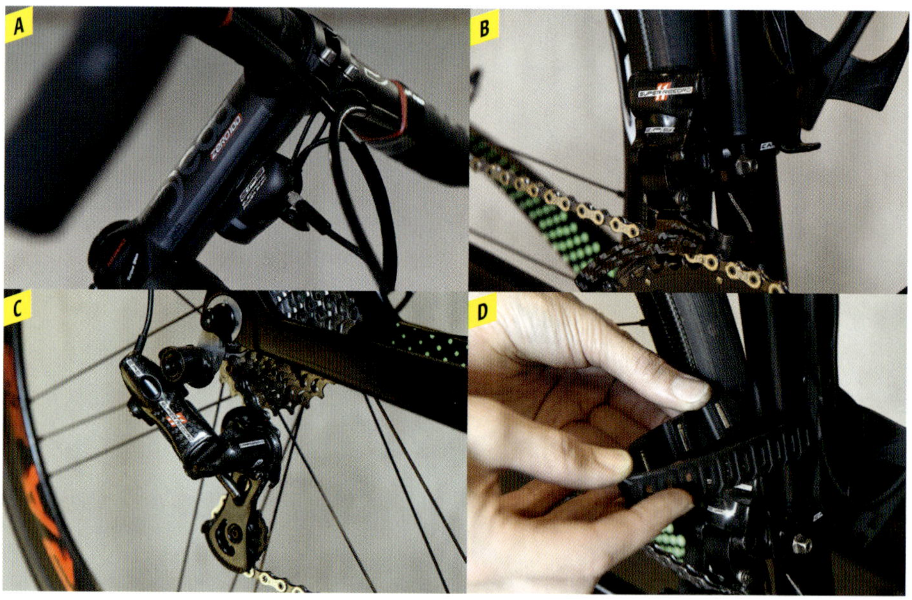

A. Steuereinheit einer Campagnolo EPS.

B. Vorderes Schaltwerk der Campagnolo EPS.

C. Hinteres Schaltwerk der Campagnolo EPS.

D. Campagnolo-Magnetband schaltet das System ab.

2015 folgte der US-Hersteller SRAM mit seiner kabellosen eTap-Schaltung. Über sie werden Umwerfer und Schaltwerk gesteuert, angetrieben von einer kleinen, aufladbaren Batterie in jedem Schaltwerk. Für einen Mechaniker ist die eTap am leichtesten einzustellen, er muss lediglich Umwerfer, Schaltwerk, Bremsen und Schalt-/Bremshebel montieren – schon kann es losgehen. Zu den zeitaufwendigsten Arbeiten gehört bei der Installation der Schaltung die Verlegung der Kabel und der Einbau der aufladbaren Batterie. Zwar sind die Mechaniker natürlich die Systeme von Shimano und Campagnolo gewöhnt, aber wenn Probleme mit dem Kabelverlauf auftreten oder Beschädigungen oder Korrosion die Funktionsfähigkeit beeinträchtigen, kosten die Diagnose und die Behebung der Fehler einige Zeit.

Zu den täglichen Aufgaben eines Mechanikers gehört es, nach der Etappe zu prüfen, ob die Gänge immer noch perfekt eingestellt sind. Deshalb werden nach dem Waschgang alle Gänge getestet. Obwohl es mittlerweile eine Auto-Justier-Funktion gibt, müssen die Gänge bei einem Reifen- oder Kassettenwechsel vielleicht neu kalibriert werden. Dieser Job fällt der Steuereinheit zu, die die Feineinstellung am Schaltmechanismus übernimmt, bis die Kette sauber und geräuschlos auf dem Ritzel läuft. Danach wird das Schaltwerk aktiviert, sodass wieder normal geschaltet werden kann. Nun folgt für jeden Gang bzw. jedes Ritzel die Feinjustierung.

Die Batterie muss nicht unbedingt täglich geladen werden, sondern erst nach ein paar Tagen, oder – im Falle eines unbenutzten Ersatzrads – auch gar nicht. Beim Transport der Räder, besonders im Radkoffer, sind die Systeme abgeschaltet oder unterbrochen, denn wenn ein Knopf oder Hebel zufällig betätigt wird, kann sich die Batterie vollständig entladen, und es könnte sogar ein Servomotor beschädigt werden.

E. Ladebuchse einer Shimano D2 an einem Pinarello.

F. Vorderes Schaltwerk der Shimano Dura-Ace D2.

G. Hinteres Schaltwerk der Shimano Dura-Ace D2.

ELEKTRONIK: TÄGLICHE AUFGABEN

KABELZÜGE, ADIEU!

▲ **Schalt-/Bremshebel der SRAM eTap mit breitem Schaltknopf.**

Seit der Einführung der elektronischen Schaltung vergingen nur wenige Jahre, bis die zugbasierten Schaltungen im Peloton der Tour de France verschwunden waren. Einige ältere Fahrer vertrauten noch ein, zwei Jahre auf die veraltete Technik, doch im Radsport ist die Fluktuation hoch, und mittlerweile ist eine Generation von Fahrern am Start, die den größten Teil ihrer Karriere mit elektronischer Hilfe geschaltet hat. Kommerzieller Druck spielte natürlich auch eine Rolle. Ein Profifahrer steht bei einer Equipe unter Vertrag und ist an die Komponenten des Ausrüsters gebunden. Somit ist er quasi verpflichtet, neue Komponenten zu testen.

Der Enthusiasmus, den die Profis der elektronischen Schaltung entgegenbrachten, steht in krassem Kontrast zu den Bedenken hinsichtlich der Scheibenbremsen. Man kann festhalten, dass die elektronische Schaltung eine Innovation von oben war, während die Scheibenbremsen beim pedalierenden Fußvolk eine weite Verbreitung und Akzeptanz gefunden haben. Die Basis übt nun kommerziellen Druck auf Profiteams aus, ebenfalls zu wechseln.

Profifahrer lieben die elektronische Schaltung, weil sie extrem genau und verlässlich schaltet, aber – viel wichtiger – das Schalten während des Tretens ermöglicht. Außerdem lässt sie sich mit einem kleinen Knöpfchen am Lenker leicht bedienen. Bei einer Zugschaltung muss der Fahrer die Finessen des Gangwechsels beherrschen und etwas Druck vom Pedal nehmen, wenn die Kette von einem Blatt bzw. Ritzel aufs nächste wechselt. Erfolgt der Gangwechsel mit Gewalt, kann die Kette abspringen und sogar Zähne auf dem Ritzel beschädigen. Einer der großen Vorteile der elektronischen Schaltung besteht darin, dass die Kette ganz geschmeidig zwischen den Ritzeln hin- und herspringt. Das gilt besonders für den Umwerfer, der für den Betrieb mittels Servomotor speziell angepasst wurde.

Ein weiteres Feature, das bei Profis Anklang fand, sind die Satellitenschalter, die sich irgendwo am Lenker anbringen lassen. Sprinter können immer noch den Gang wechseln, wenn sie für das Finish aus dem Sattel gehen, den Unterlenker greifen und mit maximaler Power treten. Der kleine Knopf für den Gangwechsel liegt innen am Lenker unterhalb des Bremshebels, wo der Daumen gerade noch herankommt.

Die Kletterer hingegen werden den Mechaniker wohl bitten, die Satellitenschalter in der Mitte des Obergriffs zu positionieren, sodass sie auch schalten können, wenn es auf einem Bergpass hart zur Sache geht. In so einer extremen Drucksituation muss der Fahrer mit minimalem Aufwand schal-

TOUR-TIPP

Wenn Sie Rennräder mit elektronischer Schaltung transportieren, sollten Sie das Schaltwerk abschalten oder ausstecken. So wird es nicht versehentlich angesteuert. Eine leere Batterie oder, schlimmer, ein Kabelbrand bzw. ein Kurzschluss kann sehr teuer werden.

ten können. Umso besser also, wenn er dann schalten kann, ohne die Hände zum Bremshebel führen zu müssen. Die Kontrahenten könnten diese kleine Bewegung als Angriffsversuch werten oder aber eine Schwäche wittern, wenn er heimlich einen Gang herunterschaltet.

Die Frage, wo die Schaltknöpfe platziert werden, stellte sich bei herkömmlichen Schaltungen nicht, aber nun gehören sie zum Set-up des Fahrers, die der Mechaniker im entsprechenden Datensatz hinterlegt hat. Das mag von Rad zu Rad variieren. Da auch die elektronischen Komponenten immer leichter wurden, haben die Räder mittlerweile das erlaubte Minimalgewicht von 6,8 Kilogramm erreicht, sodass der Grund wegfiel, auf Satellitenschalter wegen ihres Extragewichts zu verzichten.

Es gibt sogar noch einen Vorteil, den herkömmliche Schaltwerke nicht bieten: Jede elektronische Schaltung kann mit einer breiten Palette an Schaltoptionen programmiert werden, meist via App über Smartphone oder Laptop. Darunter fallen einfache Einstellungen, wie die Zuweisung des Schaltmechanismus an beiden Schaltwerken zu Brems-/Schalthebel oder Satellitenschalter. Oder man kann festlegen, wie viele Schaltvorgänge erfolgen, wenn der Knopf gedrückt bleibt. Etwas ausgefeiltere Möglichkeiten können eine automatische Gangwechseloption beinhalten, die Kette zwischen den beiden Kettenblättern und/oder den Ritzeln zu wechseln, wenn damit ein effektiverer Lauf der Kette erreicht wird.

All diese Aufgaben wird der Mechaniker vornehmen oder dem Fahrer Lösungen anbieten. Regelmäßige Updates werden, sofern nötig, von Mitarbeitern der Hersteller präsentiert und erläutert. Nach der Saison, wenn die neuen Räder montiert werden, sind oftmals neue Schaltwerke verfügbar. Meist lernen die Mechaniker sie in Schulungen der Komponentenhersteller kennen. Steht einem Mechaniker allerdings kein Experte zur Seite, geht er einfach online und sucht die Antworten im Netz.

▲ **Satellitenschalter an einem Triathlonaufsatz.**

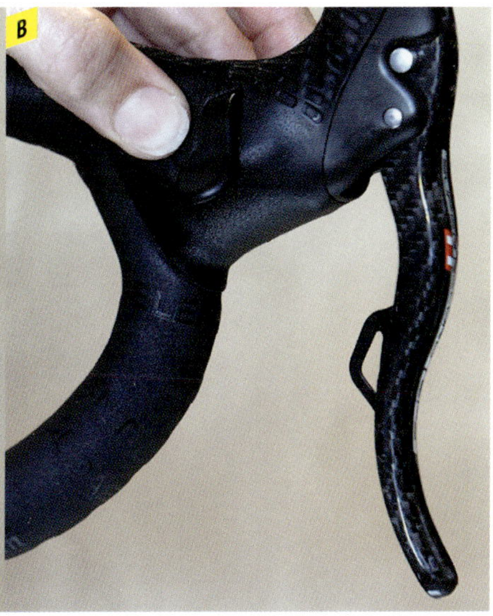

A. Schalt-/Bremshebel der Shimano Dura-Ace Di2.

B. Schalt-/Bremshebel der Campagnolo Record EPS.

ELEKTRONIK: TÄGLICHE AUFGABEN

WATTMESSER

Jedes Team und folglich die meisten Fahrer arbeiten mit Wattmessern. In die Kurbel oder die Pedale integriert, zeichnen sie über Dehnungsmessstreifen die Wattleistung des Fahrers auf. Vor dem Vorbau ist der Radcomputer montiert, an dem der Fahrer alle Werte ablesen kann. Es gibt zahlreiche Hersteller von Wattmessern und Radcomputern, die sogar miteinander kombiniert werden können. Ein Fahrer verwendet vielleicht den Wattmesser des Sponsors, während der Radcomputer von einer anderen Firma kommt. Unter den Fahrern ist die Meinung über den Wattmesser kontrovers, weil manche glauben, dass die Rennen dadurch an Spannung verlören. Als Beispiel: Wenn sich jeder Fahrer am Berg nur an seinen Maximalwerten orientiert, gehe das taktische Element verloren, sagen sie.

Für die Mechaniker bleibt kaum etwas zu tun. Neben der Prüfung, ob die Wattmesser unbeschädigt und die Verbindungen sauber sind, bleibt nur noch das Aufladen der Batterien. Die Fahrer nehmen die Radcomputer mit, die dort gespeicherten Werte werden später heruntergeladen und analysiert. Manche Fahrer präsentieren im Anschluss an eine Etappe ihre Zahlen ganz offen, was einen zusätzlichen und faszinierenden Einblick vermittelt, wie die Etappe verlaufen ist und welche Leistung für dessen Ergebnis nötig war.

Über den Radcomputer erfährt der Fahrer alle Leistungsparameter, die er braucht, darunter Wattzahl, Geschwindigkeit, gefahrene Strecke, benötigte Zeit und so weiter. Zudem lassen sich die Kadenz (Trittfrequenz pro Minute) sowie der aktuell gefahrene Gang anzeigen, obwohl es dafür zusätzlicher Sensoren bedarf. Ebenso werden Wetternachrichten aufs Display gespielt, und mittels GPS-Funktion können alle relevanten Infos über die Straßen der Etappe abgerufen werden. Wenn man noch das Funkgerät hinzuzählt, ist der heutige Tour-de-France-Fahrer vernetzter als je zuvor.

▲ **Eine typische Steuereinheit mit mittig montiertem Radcomputer.**

▶ **Wattmesser an der linken Kurbel.**

ELEKTRONIK: TÄGLICHE AUFGABEN

KOMMUNIKATION UND TV

Der Teamfunk ist eine weitere elektronische Errungenschaft. Die Geräte müssen nach jeder Etappe eingesammelt und aufgeladen werden. Zu den häufigsten Aufgaben des Mechanikers, die während der Etappe anfallen, gehört die Prüfung der Funkverbindung und des Ohrstöpsels. Das Gerät selbst sitzt meist in einem kleinen Täschchen in der Mitte des Rückentrikots, aber die Kabelverbindung zum Ohrhörer muss von Zeit zu Zeit gecheckt werden. Bisweilen wird ein defektes Funkgerät ersetzt.

In neuerer Zeit hat eine Informationsrevolution bei der Tour stattgefunden – sowohl zwischen Fahrer und Team als auch bei der Berichterstattung. Motorräder und Hubschrauber liefern Bilder in HD, die durch Aufnahmen von GoPro-Kameras an den Rädern bereichert werden. Diese Kameras werden ebenfalls vom Mechaniker angebracht, wobei die Fernsehtechniker Hilfestellung leisten. GoPros können unter dem Lenker, dem Vorbau oder auch dem Sattel montiert werden. Dabei ist das geringe Zusatzgewicht verschmerzbar, auch wenn manche Fahrer die Kamera wegen des zusätzlichen Luftwiderstands ablehnen, besonders bei Zeitfahretappen. Immerhin lieferten diese Sportkameras in Miniaturformat erstmals spektakuläre Bilder von Stürzen sowie vom Hauen und Stechen innerhalb des Pelotons.

TOUR-TIPP

Bei Etappen mit schlechtem Straßenbelag sichert ein Klebeband den Fahrradcomputer zusätzlich. Es wird über die Halterung geklebt und schützt auch vor Bewegung in der Aufhängung selbst.

▲ Christopher Froome überprüft während einer Etappe, ob sein Funkgerät noch funktioniert.

◀ Kleine, speziell für sportliche Aktivitäten entwickelte Kameras werden am Lenker oder unter dem Sattel befestigt.

Die Mechaniker sind auch dafür verantwortlich, dass die Teamfahrzeuge während der dreiwöchigen Tour glänzen.

KAPITEL 11

ARBEITEN AM RUHETAG

Wenn Sie gedacht haben, die Arbeit eines Tour-Mechanikers nimmt kein Ende, dann werden Sie die zusätzlichen Aufgaben, wie Überprüfung von Helmen und Schuhen sowie Waschen der Teamfahrzeuge, nicht überraschen. Bietet sich ein ruhiger Moment, erledigen die Mechaniker diese Jobs, die nur mittelbar mit der Wartung eines Rennrads zu tun haben. Und doch können sie genauso entscheidend für die Teamleistung sein wie fast alle anderen Aufgaben.

ARBEITEN AM RUHETAG

HELME

Die Sturzhelme der Profis haben ein hartes Leben – und manchmal ein kurzes, denn ein Helm wird sofort getauscht, wenn der Fahrer bei einem Sturz mit dem Kopf angestoßen ist. Ein Fahrer verbraucht bei einer Rundfahrt mehrere Helme, besonders wenn ein einzelner Fahrer oder das Team die Gesamtführung übernimmt. Dann bietet sich den Herstellern die tolle Möglichkeit, ihre Helme in die Farben des *Maillot Jaune* zu tauchen. Zu den auffälligsten Helmen gehören die in hellem Gelb. Nicht nur der Gesamtführende trägt diesen Helm, sondern auch die beste Mannschaft in der Teamwertung.

Die Tour ist das Schaufenster des Jahres für neue Technologien, und auch die Helmproduzenten versuchen, so viel Medienecho wie möglich bei der Vorstellung ihrer neuen Produkte zu ergattern.

Lang ist es her, dass der Helm als notwendiges Übel betrachtet wurde, zu dem die UCI die Fahrer verdonnerte. Helme sind heutzutage nicht nur sicherer, leichter und aerodynamischer, sie sehen auch grandios aus. Es gibt sie in allen Formen und Farbvariationen. Jedes Team hat seinen Sponsor, der die Mannschaft mit den Topmodellen in den Teamfarben ausstattet.

Die Fahrer können zwischen verschiedenen Helmtypen wählen – vom leichtgewichtigen Standardhelm mit großen Lüftungsschlitzen für die heißen Tage bis hin zu aerodynamischeren Varianten, den Favoriten der Sprinter, und den klassischen Aero-Helmen in Tropfenform mit integriertem Visier.

Ersatzhelme werden im Teamfahrzeug transportiert. Es kommt relativ häufig vor, dass ein Fahrer während der Etappe am offenen Seitenfenster den Helm einstellen lässt oder ihn gleich austauscht. Meist scheuert das Gurtband irgendwo oder muss nochmals gerichtet werden. Der Helm kann an der Gurtschnalle – während der Fahrt eine ziemlich diffizile Angelegenheit – sowie an einem Drehknopf an der Rückseite justiert werden. Mit diesem Knopf lässt sich die Größe des innen liegenden Kopfbands bestimmen.

▲ Bei der Tour hat ein Team Dutzende Helme im Gepäck.

▶ Die Mechaniker helfen dem Fahrer bei der Auswahl und der Einstellung seines Helms.

▶▶ Die tropfenförmigen Aero-Helme dürfen bei den normalen Straßenetappen nicht genutzt werden.

◀ Die Helme sind entweder in den Teamfarben gehalten, oder sie werden entsprechend den Führenden in Einzel- und Mannschaftswertung koloriert.

HELMPFLEGE

Im Radsport besteht ein Sturzhelm aus einem Schaumstoffkern aus Styropor, der einen Aufprall abfedern soll. Er ist von einer dünnen Schicht Polycarbonat überzogen. Der Helm wird mit Riemen angelegt und mit einer Schnalle geschlossen. Innerhalb des Helms befindet sich ein korbartiges Geflecht, das sich auf den Kopfumfang des Fahrers einstellen lässt. Auf der Innenseite sind zudem Polsterstreifen verklebt, die sich je nach Gusto gegen dünnere oder dickere Varianten austauschen lassen. Ein Helm, der wirklich allzeit kontrolliert und niemals in einen Sturz verwickelt wurde, kann drei Jahre oder länger getragen werden. Er sollte nicht direkter Sonneneinstrahlung ausgesetzt und nach Gebrauch gut gelüftet gelagert werden. Um die Abnutzung an Polster und Riemen sowie äußerer Hülle möglichst gering zu halten, sollte der Helm von Zeit zu Zeit gewaschen werden.

Bei der Tour werden die Helme an den Pausentagen mit Schwamm und Seifenwasser gesäubert. Alkalische oder basische Reinigungsmittel, die stark vom pH-Wert 7 abweichen, sind nicht zu empfehlen, da das Material empfindlich reagieren kann. Mit einer milden Seife machen Sie dagegen nichts falsch. Selbstredend sollten Fahrradhelme niemals in die Waschmaschine oder Spülmaschine gestopft werden. Auch ein Dampfstrahler ist nicht ratsam, da Wasser zwischen die äußere und innere Schicht gelangen könnte.

Die meisten Helme verfügen über herausnehmbare Polster, die gewaschen werden können. Manchmal lässt sich auch das Kopfband lösen, um es zu reinigen. Der Helm sollte nicht über einer Heizung getrocknet und auch nicht trocken geföhnt werden, da direkte Hitzeeinstrahlung die innere Schaumstoffhülle beschädigen kann. Der Helm muss vollständig getrocknet sein, bevor er in einer Helmtasche deponiert wird. Die äußere Plastikhülle sollte möglichst schonend gewaschen werden, bei starker Verschmutzung lässt sich die Oberfläche mit den Fingern oder einer Bürste vorsichtig von den Schmutzpartikeln befreien.

ARBEITEN AM RUHETAG

SCHUHE

Es gibt drei Kontaktpunkte an einem Fahrrad: Sattel, Lenker und Pedale. Die Teammechaniker sind für alle drei verantwortlich und kennen auf den Millimeter und Grad exakt Position, Winkel und Vorlieben von allen acht Fahrern. Sattel und Lenker sind relativ leicht einzustellen, das gilt auch für die Pedale, bei denen nur die Federspannung in den Cleats auf den jeweiligen Fahrer abgestimmt wird.

Die Pedalplatte an der Sohle muss ebenfalls präzise ausgerichtet werden. Sie legt die Position des Schuhs auf dem Pedal fest, die exakt mit dem Set-up des Fahrers übereinstimmen muss. Hierfür dient ein oftmals speziell angefertigtes Gerät, manchmal mit dem Pedal gekoppelt, in das der Schuh mit loser Pedalplatte gespannt wird. Diese wird dann entsprechend der Markierung auf der Vorrichtung justiert.

Die Fahrer bringen mehrere Paar Schuhe mit zur Tour de France, deshalb müssen die Schuhplatten an allen Schuhen die identische Stellung aufweisen. Eine falsch positionierte Schuhplatte kann eine Knieverletzung nach sich ziehen, die bei Nichtbehandlung nicht nur das Ende der Tour, sondern sogar das Ende der Karriere bedeuten kann.

In einer Schublade im Teamtruck lagern unzählige Pedalplatten, die sich in alle möglichen Richtungen verstellen lassen, sowie zusätzliche Unterlegscheiben, die unter die Schuhplatten geschoben werden.

Bei einem Sturz kann der Schuh leicht beschädigt werden, aber selbst wenn: Der Fahrer wird mit Sicherheit das bereits benutzte Paar bevorzugen, sofern es sich reparieren lässt, statt ein neues zu riskieren. Sollten Sie einmal ein kleines Loch im Schuh eines Fahrers entdecken, muss das nicht auf einen Sturz zurückzuführen sein. Vielleicht wollte der Fahrer auch nur mithilfe des Mechanikers etwas Druck von einer bestimmten Stelle am Fuß nehmen.

Die meisten Pedalplatten werden mit drei Schräubchen an der Sohle befestigt, sodass sich jede beliebige Position einstellen lässt. Bei einigen Herstellern gibt es zudem einige Pedalplatten mit einer Zunge aus Plastik, mit der sich der Fuß entweder fixieren lässt oder die einen leichten seitlichen Bewegungsspielraum gewährt.

Die Fahrer können zudem dünne Spacer unter die Pedalplatten schieben, mit denen sich unterschiedliche Beinlängen gut kompensieren lassen. An den Pedalen befindet sich zudem eine kleine Stellschraube, mit der die Vorspannung eingestellt werden kann, also wie fest der Schuh im Pedal einrastet. Sprinter beispielsweise wollen oftmals sichergehen, dass der Schuh nicht versehentlich in der heißen Phase des Sprints ausgeklinkt wird. Sie entscheiden sich für die maximale Vorspannung.

▲ Einen Schuh einzustellen, während man halb aus dem Autofenster hängt, ist eine heikle Aufgabe.

▶ Die Mannschaften haben speziell angefertigte Geräte, um die Pedalplatten exakt auszurichten.

SPEZIALAUFGABEN

Es gibt zwei Pausentage bei der Tour de France, aber für die Mechaniker ändert sich nichts – sie haben immer etwas zu tun. Das gilt auch für die Ruhetage, die sogar noch stressiger ausfallen können. Zunächst steht meist eine sehr lange Fahrt zum nächsten Hotel an, häufig viele Hundert Kilometer durch Frankreich. Die Pausentage werden für den Transfer von einer Region zur nächsten genutzt. So rollen oft die Teamtrucks und Teamfahrzeuge in den frühen Morgenstunden nach einer durchgefahrenen Nacht auf den Hotelparkplatz. Die Fahrer reisen in der Regel mit dem Flugzeug und liegen dann schon in den Betten. Bei einer sehr langen Strecke von über 500 Kilometern fahren die Mechaniker vielleicht einen Teil der Strecke am Abend vor dem Pausentag und setzen dann die Fahrt frühmorgens fort.

Dann folgt das übliche Prozedere: Die Mechaniker bereiten die Räder für die kurze Ausfahrt am Ruhetag vor, obligatorisch für jeden Fahrer, um die Beine in Schwung zu halten. Angesetzt auf den späten Vormittag, ist die Fahrt ganz entspannt, manchmal begleitet von Rouleuren aus der Region oder Geschäftskunden, die auf Tuchfühlung zu ihrer »Investition« gehen, wenn sie ausreichend Kondition für die »Cappuccino-Gruppe« mitbringen.

Die Räder werden wie üblich im Anschluss gewaschen und geprüft, genauso wie bei einer regulären Etappe. Stimmt überall das Set-up? An jedem bisher eingesetzten Rad werden die Kette und das Lenkerband getauscht. Letzteres hält bei der Tour ungefähr eine Woche, doch sollten Risse oder Abrieb sichtbar sein, wird es auch täglich gewechselt.

Der Ruhetag eignet sich auch dafür, neue Schlauchreifen aufzuziehen, wie er sich überhaupt für all jene Aufgaben eignet, die in den Tagen zuvor zu kurz kamen. Die Tour-Mechaniker nehmen das Pensum mit trockenem Humor: Am Ruhetag haben sie endlich einmal die »Ruhe«, sich um all diese Aufgaben zu kümmern.

Helme und Schuhe werden ebenfalls gereinigt. Die Fahrer treffen sich im Anschluss an die Pressekonferenz mit den Mechanikern, um dieses oder jenes Problem an Rad oder Ausrüstung zu besprechen. Zudem werden alle Fahrzeuge gewaschen und kleinere Schäden behoben, sofern möglich. Zwar sitzen gute Fahrer am Steuer der Teamfahrzeuge, aber bei den vielen knappen Situationen sind Kratzer hier und Beulen da unvermeidlich. Bisweilen muss auch etwas ausgebessert werden.

▲ **Am Ruhetag ist die Atmosphäre rund um den Teamtruck ziemlich gelöst. Zeit für Müßiggang haben die Mechaniker dennoch nicht.**

TOUR-TIPP

Sollten Sie das Glück haben, an einem Pausentag zu einer lockeren Ausfahrt mit einem ProTour-Team eingeladen zu werden, dann können Sie sich vielleicht auch bei einem der Mechaniker einen Rat hinsichtlich Schaltungs- oder Bremseneinstellung einholen.

Hier sieht man das aktuelle Steckachsen-System mit Scheibenbremse am Hinterrad eines Tour-Renners.

KAPITEL 12

RENNRÄDER MIT SCHEIBENBREMSEN

An Mountainbikes sind sie seit Jahren ein vertrauter Anblick: Scheibenbremsen. Beim Rennrad hingegen spielen sie erst seit Kurzem eine Rolle. Der Profiradsport hat sich aus vielerlei Gründen nur vorsichtig angenähert, doch nun gewinnen Scheibenbremsen rasch an Akzeptanz. Bei der Tour de France sind Räder mit Scheibenbremsen keine Exoten mehr, und 2017 trug sich der erste Fahrer, der solch ein Rad fuhr, in die Siegerliste ein.

SCHEIBENBREMSEN

Scheibenbremsen wurden erstmals zur Jahrtausendwende an Mountainbikes verbaut. Die Biker erkannten schnell, dass sie leistungsfähiger waren und an der Nabe mehr Freiraum boten. Sie wussten es zu schätzen, dass sie auch in Matsch und Regen konstante Bremswirkung entfalteten und sauber liefen. Außerdem fiel der Verschleiß an herkömmlichen Laufrädern weg; sie hielten länger und benötigten zudem keine Bremsfläche an der Felge mehr. Als sich die Mountainbiker immer extremere Downhill-Strecken herabwagten und die Fullys, also voll gefederte Bikes, an den Hardtails vorbeizogen, saßen die Biker dank der Scheibenbremsen noch schneller und sicherer im Sattel.

Nun schießen Rennräder nicht die Art von Downhill-Strecken hinunter wie ein Mountainbike, und sie müssen auch nicht in unwegsamem Gelände bestehen, wo die Räder im Matsch versinken. Das zusätzliche Gewicht nahmen die Mountainbiker wegen des Plus an Bremskraft und -präzision – zum Beispiel in einer engen Kurve mit großer Schräglage – gern in Kauf.

Aus diesem Grund hat es etwas länger gedauert, bis die Hersteller ein System entwickelt hatten, das auch bei Rennradprofis auf breite Akzeptanz stieß. Seit die UCI 2015 erste Tests zuließ, hat sich das Gewicht der Scheibenbremsen weiter verringert, und die Radhersteller haben kompatible Rahmen und Gabeln produziert. Die Sorgen um eine erhöhte Verletzungsgefahr bei Stürzen und Massenkarambolagen konnten zerstreut werden. Die Scheiben sind an den Kanten gerundet, und Berichte über Zwischenfälle mit Fahrern, die bei einem Massensturz aufgeschlitzt wurden, haben sich als falsch herausgestellt. Ebenso waren die Unfälle so selten, dass sie zu vernachlässigen sind. Leichte Schutzleisten aus Plastik würden das Problem der scharfkantigen Rotoren beheben, aber es wurde nicht für nötig erachtet, sie einzuführen.

Eine weitere Sicherheitsfrage betraf die Hitzeentwicklung, die bei längerem Bremsen ansteigt. Fahrer und auch Mechaniker befürchteten, dass nach langen Abfahrten bei einem Sturz Brandverletzungen drohen könnten. Die Hersteller reagierten und stanzten Lüftungsschlitze in die Scheiben, um für zusätzliche Kühlung zu sorgen. Shimano integrierte zwischen zwei Edelstahlschichten einen Aluminiumkern, weil Alu Wärme besser ableitet. Auch die Mechaniker möchten nicht mit einer heißen Scheibe in Berührung kommen, wenn sie die Räder reparieren oder einen Reifen wechseln.

Das Extragewicht früher hydraulischer Bremssysteme gegenüber herkömmlicher Dual-Pivot-Bremsen für Rennräder betrug ungefähr 500 Gramm, doch nun sind bereits Profirenner mit Scheibenbremsen verfügbar, die am Minimalgewicht von 6,8 Kilogramm kratzen. Das ist schon eine ziemliche Leistung, denn man musste nicht nur das Gewicht der hydraulischen Bremsen und Scheiben auf ein Minimum reduzieren, sondern auch Rahmen, Gabel, Laufräder und Naben. Sie wurden allesamt überarbeitet und verstärkt und unterliefen einer Entschlackungskur, um das Gewicht näher an die leichtesten Räder mit Dual-Pivot-Bremsen zu bekommen.

▲ **Scheibenbremsen haben ihren Ursprung im Mountainbike-Bereich.**

▶ **Die vordere Scheibe fällt größer als die hintere aus, die nicht so viel Bremskraft aufbringen muss.**

MITCH
SM-RT99-S
SHIMANO
JAPAN
ROTATION

SCHEIBENBREMSEN: PRO UND CONTRA

▲ Aussparungen an den Scheibenbremsen sollen einer allzu großen Hitzeentwicklung vorbeugen.

Am Rennrad ermöglicht eine Scheibenbremse bei allen Bedingungen gleichmäßiges und kraftvolles Bremsen. Besonders bei Regen, wenn der Bremsvorgang mit Carbon-Felgen ziemlich unvorhersehbar wird, zeigen sich Scheibenbremsen unbeeindruckt. Ein sehr gut eingestelltes System ermöglicht zudem sehr feinfühliges Bremsen, sodass der Fahrer sich an den Punkt herantasten kann, an dem die Reifen blockieren. Auf langen Abfahrten im strömenden Regen und mit scharfen Kurven, vor denen immer wieder stark in die Eisen gestiegen werden muss, wird der Fahrer mit Scheibenbremsen an jeder Biegung Meter gutmachen. Startet der Fahrer mit Scheibenbremsen in der letzten Kurve einer regnerischen Etappe gegen den Fahrer mit herkömmlicher Bremse eine Attacke, kann das den Unterschied zwischen Sieg und Niederlage ausmachen. Eine Sorge bleibt aber bestehen: In einem mit Scheiben- und herkömmlichen Bremsen ausgestatteten Peloton gibt es ernsthafte Sicherheitsbedenken für den Fall, dass bei Regen alle gleichzeitig eine Vollbremsung hinlegen und die Bremswege stark voneinander abweichen.

Die Demontage der herkömmlichen Bremsen von Gabelkopf und Sitzstrebe führte zu einem Dominoeffekt. Dank des zusätzlichen Platzangebots rund um den Mantel können nun Reifen mit mehr Volumen aufgezogen werden, die trotz niedrigerem Luftdruck mit gleichem Rollwiderstand punkten. Deshalb bevorzugt ein Großteil des Pelotons nunmehr Mäntel mit 25 bis 26 Millimeter Durchmesser; zuvor waren es 23 Millimeter.

Dickere Reifen bieten nicht nur mehr Komfort und besseres Handling, sondern die größere Kontaktfläche lässt sich auch bei harten Bremsmanövern mit Scheibenbremsen ausnutzen. Wenn also Etappen mit Schotterpisten oder Kopfsteinpflaster anstehen, können die Mechaniker sogar Reifen mit 27 bis 30 Millimeter Durchmesser aufziehen und den Renner noch besser für die widrigen Bedingungen wappnen.

So weit die positiven Eigenschaften der Scheibenbremsen, aber es bleiben einige Mankos. An den Zeitfahrmaschinen bringen sie einen aerodynamischen Nachteil mit sich, da die golfballgroßen Bremssättel und die Scheibe für Luftverwirbelungen am Reifen sorgen. Hier bedeuten die Scheibenbremsen einen Rückschritt auf dem Weg zum Ideal der Zeitfahrmaschine, die ohne Luftwiderstand daherkommt.

Daneben können die Bremsbeläge scheuern und die Scheiben verschmutzen. Manchmal treten beim Bremsen auch unangenehme Geräusche auf. Ein hoch qualitativer Bremsbelag für die Scheibe sollte eigentlich nicht scheuern, da sich die Beläge automatisch nachstellen, dennoch bleibt bei den Profis eine gewisse Skepsis zurück. Die Fahrer testen eher einmal zu viel als zu wenig die Bremsen und kontrollieren, ob die Reifen frei laufen. Zwar lässt sich das bei einer Scheibenbremse ebenfalls vorjustieren, aber es gibt keine Garantie, dass sie sich nicht im Verlauf einer Etappe verstellt.

▲ Der Reifenwechsel an Rennrädern mit Scheibenbremsen erweist sich für die Mechaniker als diffizile Angelegenheit.

Kommen wir zu dem schwerwiegendsten Problem bei einem flächendeckenden Einsatz von Scheibenbremsen bei einem Rennen wie der Tour de France: Die Kompatibilität zwischen Laufradsätzen und Rahmen und die Zeitspanne, wie schnell ein Reifen gewechselt werden kann, belastet sowohl die Mechaniker der Teams als auch die des neutralen Servicefahrzeugs. Sie müssen dafür Sorge tragen, dass die Fahrer so schnell wie möglich Anschluss ans Peloton finden. Es kann wertvolle Extrasekunden kosten, wenn der Teammechaniker das neue Rad passgenau einsetzen und die Scheibe exakt auf die Bremsbeläge ausrichten muss – keine leichte Aufgabe, die Bremsbeläge bei einer nur wenige Millimeter großen Lücke nicht zu touchieren.

Ist das Rad mit Steckachsen ausgestattet, dauert der Wechsel noch länger, denn die Achse muss erst verschraubt werden, was mehr Zeit kostet als ein Schnellspanner. Zwar sind zeitsparende Modelle in der Entwicklung, aber bis auf Weiteres gehen die Mechaniker bei einem Reifenwechsel lieber auf Nummer sicher. Oft greifen sie lieber gleich zum Ersatzrad auf dem Dachgepäckträger. Diese Möglichkeiten hat das neutrale Servicefahrzeug nicht oder nur begrenzt. Wenn die herkömmlichen Bremsen auch weiterhin Verwendung finden – so sieht es aller Wahrscheinlichkeit nach aus –, muss die Crew von Mavic beide Reifentypen im Sortiment führen sowie Laufräder für Scheibenbremsen, die mit Steckachse oder Schnellspanner montiert werden.

RENNRÄDER MIT SCHEIBENBREMSEN

SCHEIBENBREMSEN: KONTROLLE UND WARTUNG

Ein Rennrad mit Dual-Pivot-Bremsen lässt sich nicht auf Scheibenbremsen umrüsten. Diese können nur an einem Rahmen und einer Gabel montiert werden, die die passenden Bohrungen und Gewinde-Inserts aufweisen, auf die die Bremssättel passen. Wird die Scheibenbremse auf der linken Seite montiert, muss der Bereich um die Montagestelle verstärkt werden, um die asymmetrisch angreifenden Kräfte auszugleichen.

Auch traditionelle Laufräder taugen nicht für einen Umbau, denn das Laufrad braucht eine Bremsscheibenaufnahme mit Gewindebohrungen für die Scheibe oder den Rotor. Wird Druck auf die Scheibe ausgeübt, wirkt zudem eine Drehspannung auf die Speichen, weshalb die Speichung bei einem Laufrad für den Einsatz mit Scheibenbremsen verstärkt werden muss. Davon ist teils abhängig, wie das Rad am Rahmen montiert wird, weshalb viele Scheibenbremsenräder mit Ausfallenden für Steckachsen ausgeliefert werden.

Hochwertige Scheibenbremsen arbeiten hydraulisch, wobei die Bremsflüssigkeit nur sporadisch gewechselt werden muss. Der Zeitpunkt richtet sich nach der Angabe des Herstellers oder ist dann richtig, wenn der Bremshebel sich schwammig anfühlt. Mit speziellen Entlüftungskits wird die Bremsflüssigkeit abgelassen und aufgefüllt, ohne dass Luft eindringen kann. Im Prinzip schafft das jeder Heimwerker, aber zur Sicherheit sollten Sie es dem Radmechaniker Ihres Vertrauens überlassen. Er kann dabei auch gleich prüfen, ob die Scheiben verbogen sind, und sie mit dem speziellen Bremsscheiben-Richtwerkzeug reparieren.

▲ Gerundete Scheibenkanten sorgen für mehr Sicherheit bei einem Massensturz.

▶ Das deutsche Team von Bora-hansgrohe vertraut bereits auf Scheibenbremsen.

◀ **Jeder große Radhersteller hat mittlerweile ein Rennrad mit Scheibenbremsen im Sortiment, das professionellen Ansprüchen genügt.**

Die Bremsbeläge können leichter gewechselt werden, denn meist lassen sie sich mit einem Schraubenzieher und einer langen, schmalen Zange, die für einen Sicherheitssplint benötigt wird, austauschen. Die Scheiben müssen wie herkömmliche Bremsbeläge gewechselt werden, wenn sie bis auf die Verschleißmarke heruntergebremst sind. Ausnahme: Die Scheibe weist Ölverschmutzungen auf, was leicht passieren kann, wenn das Rad mit Sprühfett geschmiert wird. Zwar lässt sich durch starkes Bremsen etwas Öl abtragen, aber wenn Scheibe und Bremsbeläge einmal beeinträchtigt sind, verlieren sie an Grip und Leistung. Für die Scheibe gibt es spezielle Reiniger, und die Bremsbeläge können Sie leicht abschmirgeln.

Wenn Sie die Bremsbeläge herausgenommen haben, prüfen Sie die Bremskolben und entfernen Sie Bremsabrieb sowie Schmutz mit Bremsenreiniger. Drücken Sie mit dem Bremshebel die Kolben ein paar Millimeter aus dem Bremssattel. Sie sollten blank und weder porös noch korrodiert sein. Tupfen Sie etwas Öl seitlich auf den Kolben, das erleichtert das Hineindrücken.

Falls die Bremsbeläge scheuern, prüfen Sie zunächst, ob das Laufrad korrekt ausgerichtet ist. Falls ja, lösen Sie die Bremse leicht mit einem Inbus und betätigen Sie die Bremse. Mit angezogener Bremse ziehen Sie nun die Schrauben wieder an, sodass die Bremse mittig um die Scheibe sitzt. Gegebenenfalls müssen Sie zunächst das Laufrad herausnehmen und es mithilfe einer Visitenkarte oder Ähnlichem wieder einsetzen, sodass die Bremsbeläge zurückgedrückt werden. Ist die Bremse fixiert, sollten sowohl Bremssattel als auch Bremsbelag parallel zur Scheibe ausgerichtet sein.

Der Austausch einer Kassette gehört zu den Standardaufgaben eines Tour-Mechanikers.

KAPITEL 13

AUSTAUSCH VON VERSCHLEISSTEILEN

Der Hobby-Fahrradmechaniker zu Hause braucht nicht so viel Equipment, um sein Rennrad perfekt in Schuss zu halten. Neben den regelmäßig anfallenden Aufgaben wie Waschen und Fetten gibt es einige Komponenten, die von Zeit zu Zeit geprüft und im Bedarfsfall ersetzt werden sollten. Gemeint sind die Verschleißteile, die nicht ewig halten. Sie sollten wissen, wann und wie sie ausgetauscht werden, damit Ihr Renner immer wie das Rad eines Profis aussieht.

LENKERBAND WICKELN

▲ Bei der Tour wird das Lenkerband fast täglich gewechselt.

1 Wechseln Sie das Lenkerband, wenn es zerschlissen oder die Farbe vergilbt ist oder Sie einfach ein neues möchten. Wenn Sie das alte abziehen, sollten keine Rückstände von Band oder Kleber am Lenker zurückbleiben. Säubern Sie den Lenker, mit Isopropanol entfernen Sie auch die hartnäckigsten Reste. Mit Isolierband fixieren Sie die Kabelzüge am Obergriff des Lenkers. Manche Profimechaniker umwickeln den Lenker auch komplett mit Isolierband – von den Bremshebeln bis zum Oberlenker nahe am Vorbau. Beginnen Sie nun mit dem neuen Lenkerband am Unterlenker, wobei mindestens die halbe Bandbreite das Lenkerende überragen sollte. In welche Richtung Sie wickeln, bleibt Ihnen überlassen, meist aber windet sich das Band in Richtung Rahmen.

2 Das Band sollte sich etwa um die Hälfte bei jeder Umwicklung überlappen. Ziehen Sie es straff an, je nach Material. Die Grenzen sind hier fließend, aber es sollte schon so stark angezogen werden, dass es sich nicht verschieben kann, wenn man den Lenker fest greift. Auf das Band wirken starke Zugkräfte, die es im Verlauf der Zeit lösen können.

3 Stülpen Sie die Bremsgriffgummis zurück, sodass die Bremshalterung sichtbar wird. Allerdings sollte dieser Handgriff bereits erfolgt sein, als Sie das alte Lenkerband entfernt haben – Sie haben nur zwei Hände, und die Spannung muss die ganze Zeit gehalten werden. Falls Sie einmal abrutschen, machen Sie ein oder zwei Umwicklungen rückgängig und beginnen Sie erneut.

4 Wenn Sie die Schalt-Brems-Einheit erreichen, wickeln Sie das Band zunächst über die Schelle, dann auf der Innenseite des Lenkerbogens, dann unten herum und wieder von oben, sodass es eine Acht ergibt. Wie man das macht, ist heiß umstritten. Man kann auch einfach die Schelle auf dem Weg nach oben »auslassen« und das mitgelieferte Bandstück (»Betrügerstreifen«) benutzen, damit das Lenkerrohr an der Seite nicht durchscheint.

5 Fahren Sie fort bis zur Lenkermanschette des Oberlenkers. Schneiden Sie die letzten fünf Zentimeter des Bands parallel zum Vorbau ab, sodass es kegelförmig abschließt. Ziehen Sie es nochmals stramm und fixieren Sie das Bandende mit zwei bis drei Umdrehungen Isolierband. Drücken Sie nun die Endstopfen am Unterlenker ein und klappen Sie die Bremsgriffgummis zurück.

TOUR-TIPP

Legen Sie sich ein Teppichmesser oder eine Schere zum Kürzen sowie das Isolierband griffbereit zurecht. Dann erst beginnen Sie damit, das Lenkerband engmaschig um den Lenker zu wickeln.

1

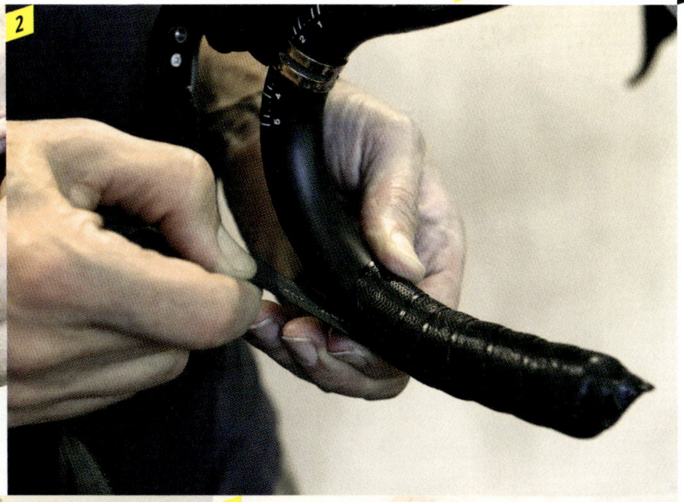
2

3

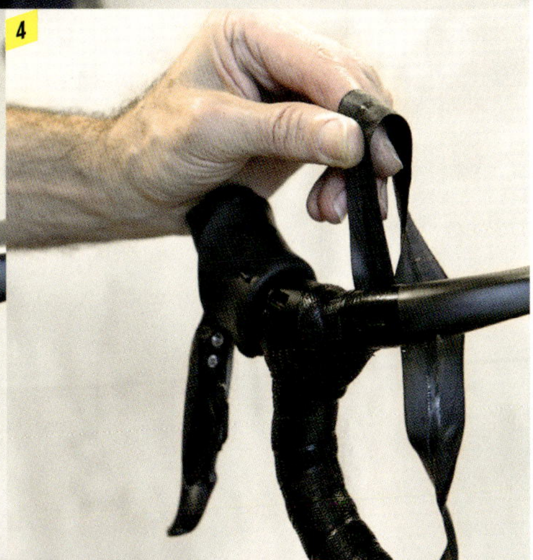
4

5

Austausch von Verschleissteilen

Kette wechseln

▲ **Mindestens einmal pro Rundfahrt wird die Kette gewechselt.**

1 Die Kette wird entweder mit einem Kettenschloss oder mit einem neuen Nietstift geschlossen. Wenn die Kette mit Kettenschloss geöffnet werden kann, ist dies die leichteste Möglichkeit, eine neue Kette zu montieren. Ein Kettenschloss kann von Hand angebracht werden, aber zum Öffnen benötigt man die Kettenverschlussgliedzange. Zum Vernieten, Abnehmen oder Kürzen der Kette ist je nach Größe und Hersteller der Kette ein Kettennieter erforderlich. Um einen Niet zu lösen, reicht ein herkömmlicher Kettennieter. Bestimmte Ketten allerdings, wie etwa die für die Elffach-Schaltgruppe von Campagnolo, erfordern den Campagnolo-Elffach-Kettennieter, um den Stift hineinzupressen und auf der anderen Seite an die seitliche Fläche des Kettenglieds anzupassen.

2 An modernen Rennrädern mit Zehn-, Elf- oder auch Zwölffach-Kassetten bedarf es der richtigen Kette, die mit der Ritzelanzahl korrespondiert. Der Abstand zwischen den einzelnen Rollen beträgt immer 12,5 Millimeter, aber die Kette variiert je nach Antrieb in der Breite. Je mehr Ritzel zum Einsatz kommen, desto schmäler wird die Kette. Wollen Sie ganz sichergehen, dann ersetzen Sie die Kette durch ein Produkt vom selben Hersteller wie Kassette und Schaltung. Zwar gibt es hoch qualitative Alternativen, aber Sie sollten immer vorab die Kompatibilität prüfen.

3 Am leichtesten lässt sich der Verschleiß einer Kette mit einer Kettenverschleißlehre bestimmen. Sie wird in die Kette gesteckt und zeigt an, ob die Kette die beste Zeit hinter sich hat. Ist die Kette gelängt, sitzt sie nicht mehr eng auf den Zahnrädern der Ritzel oder Kettenblätter auf. Dort sorgt sie für zusätzlichen Verschleiß, was in der Folge wesentlich teurere Reparaturen an diesen Komponenten nach sich zieht, wenn die Kette nicht rechtzeitig ersetzt wird.

4 Ein Kettenschloss sollte nur bei einer kompatiblen Kette zum Einsatz kommen und idealerweise neu gekauft werden, wenn die Kette getauscht wird. Viele namhafte Hersteller haben Kettenschlösser im Angebot. Lange Zeit waren die Ketten von Shimano ausschließlich vernietet. Seitdem die Japaner aber für Elffach-Ketten den Quick-Link anbieten, bedeutet das nicht automatisch, dass Sie den Shimano-Kettennieter nehmen müssen. Die Quick-Links sind nur für den einmaligen Gebrauch bestimmt. Ketten von Campagnolo werden traditionell mit Stift verbunden. Es empfiehlt sich, einen Kettennieter von Campagnolo zu verwenden. Der Nietstift kann nicht wiederverwendet werden.

5 Öffnen Sie die Kette mit dem Quick-Link-Tool oder mit einer spitz zulaufenden Zange, bei der die Enden der Zangenbacken zwischen die Rollen gesteckt werden. Schieben Sie die Zange von unten in das Kettenschloss und drücken Sie es fest zusammen, um die Stifte aus ihrer Verankerung zu lösen. Jetzt können Sie die Kette öffnen.

1

2

SHIMANO
CHAIN
11s
CN-HG901-11
KMC
RECORD
Campagnolo

3

Rohloff
Caliber
COLNA

4

5

6 Ein Kettenschloss zu montieren ist einfach. Ist die korrekte Kettenlänge ermittelt und sind die Stifte mit einem Kettennieter herausgelöst, werden die Verschlussteile gegengleich in die frei liegenden Rollenaussparungen der Kette geschoben, um sie miteinander zu verbinden. Dann werden die Bolzen des Kettenschlosses eingehängt, die Kette wird auseinandergezogen und mit etwas Druck auf das Pedal geschlossen.

7 Die Kettenlänge hängt vom Fahrstil sowie von der Kombination der Kettenblätter und Ritzel ab. Selbst die Anordnung des Tretlagers kann beeinflussen, wie viel Kette bei maximaler Kettenlängung gebraucht wird. Wenn Sie gern auf großem Blatt und großem Ritzel fahren, kann ein zusätzliches Glied den Umwerfer entlasten und etwas Spannung herausnehmen. Das ist besser als eine zu kurze Kette, die leichter auf kleinem Blatt und kleinem Ritzel läuft.

8 Bei Campagnolo-Ketten benötigt man den speziellen Kettennieter der Firma. Der Nietstift wird in die Lasche gedrückt, um die Kettenenden zu verbinden. Dann wird der Kettennieter entfernt. Mit dem Splint des Kettennieters, der bei Beschädigung oder Abnutzung getauscht werden kann, wird nun die Kette gesichert. Zwar hat die Nietstelle minimalen Überstand, dennoch läuft die Kette leichtgängig über die Ritzel.

▶ **Prüfen und ersetzen Sie die Kette regelmäßig, dann werden Sie lange Freunde an den Komponenten des Antriebsstrangs haben.**

TOUR-TIPP

Stellen Sie sicher, dass die Kette in Laufrichtung montiert ist. Bei Shimano erkennt man die Außenseite der Kette an der eingeprägten Schrift.

KASSETTE AUSBAUEN UND REINIGEN

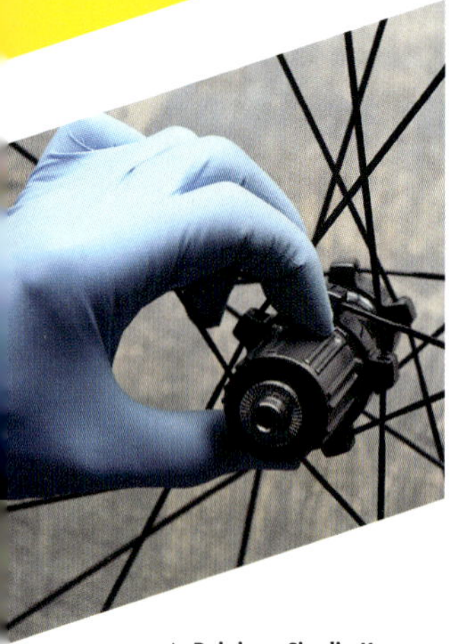

▲ Reinigen Sie die Kassettennabe und prüfen Sie sie auf Abnutzungserscheinungen.

1 Werkzeuge für den Ausbau der Kassette bestehen aus verschiedenen Typen von Kassettenabziehern, die in den Verschlussring der Kassette gesteckt werden. Dieser wird mit einem großen Schraubenschlüssel oder einer Zange gelöst. Der Kassettenabzieher von Shimano ist wohl am geläufigsten. Die meisten Profimechaniker haben eine mit einem Griff verschweißte Stecknuss, mit der sich die Kassette schnell abnehmen lässt. Die traditionelle Kettenpeitsche ist ein Universalwerkzeug. Dank ihrer wird dem Freilauf Einhalt geboten, sodass sich die Kassette abmontieren lässt.

2 Der Verschlussring fixiert die Kassette und wird am Freilaufkörper verschraubt. Dies gewährleistet den sicheren Sitz der restlichen Ritzel. Häufig sind zwei oder drei der größeren Ritzel fest miteinander vernietet. Um den Verschlussring abzunehmen, benötigen Sie beide Hände: eine auf dem Kassettenabzieher, der gegen den Uhrzeigersinn gedreht wird, während mit der anderen Hand die Kassettenpeitsche im Uhrzeigersinn gedreht wird. Entfernen Sie die Federn und stecken Sie den Schnellspanner durch die Öffnung im Abzieher. Schließen Sie ihn, sodass der Abzieher fest aufsitzt. Sobald der Verschlussring gelöst ist, entfernen Sie den Schnellspanner und schrauben die Mutter von Hand ab.

3 Nun legen Sie das Hinterrad auf der Werkbank ab und lösen vorsichtig alle Ritzel, die sich leichtgängig vom Freilaufkörper abheben lassen sollten. Sie sitzen auf den Rippen des Freilaufkörpers, wovon eine etwas breiter ausfällt, sodass sich eine korrekte Steckposition für die Kassette ergibt. Daneben trennen einzelne Distanzringe die Ritzel voneinander. Achten Sie darauf, dass nichts verloren geht! Zur Lagerung binden Sie die Ritzel am besten mit einer Schnur zusammen.

4 Um die Ritzel wirklich gründlich zu reinigen, muss die Kassette abgenommen werden. An den Rennern der Profiteams glänzt der Antriebsstrang immer picobello. Zwar kann man die Kassette auch ohne Demontage von Ölverklumpungen oder Staubpartikeln befreien, aber um an den Zwischenraum der größeren Ritzel und an die Distanzringe zu kommen, bleibt kein anderer Ausweg. Entfetten Sie die Ritzel oder reinigen Sie sie in einem Teilewaschgerät. Anschließend trocknen Sie sie mit einem sauberen Tuch.

TOUR-TIPP

Fotografieren Sie die Ritzel und Distanzringe, bevor Sie sie demontieren. So genügt ein Blick nach der Reinigung, wie sie zuvor angeordnet waren.

1

2

3

4

▲ Das Hinterrad muss aufrecht und unverrückbar stehen, wenn der Verschlussring an der Kassette angezogen wird.

5 Nun montieren Sie die Ansammlung an Ritzeln und Distanzringen wieder am Rad. Mit einem entsprechenden System ist das ganz einfach. Platzieren Sie die Ritzel mitsamt der Distanzringe auf der Arbeitsoberfläche. Legen Sie das Laufrad flach daneben und suchen Sie die breite Rippe am Freilaufkörper. Drehen Sie den Freilaufkörper so, dass die breite Rippe auf 12 Uhr steht. Nun nehmen Sie das größte Ritzel, drehen die breiteste Kerbe auf 12 Uhr und schieben es auf den Freilaufkörper. Danach folgen der Reihe nach sämtliche Distanzringe und Ritzel. Einige Ritzel verfügen gegebenenfalls über einen breiteren Flansch und benötigen keinen zusätzlichen Distanzring. Sind alle Ritzel und Distanzringe aufgesteckt, sollte das kleinste Ritzel am Gewinde des Freilaufkörpers abschließen.

6 Schrauben Sie vorsichtig den Verschlussring auf, bevor Sie den Kettenabzieher aufstecken und von Hand anziehen, bis er am kleinsten Ritzel anliegt. Mit einem Drehmomentschlüssel, der auf 40 Newtonmeter voreingestellt sein sollte, ziehen Sie den Ring an. Die korrekte Krafteinwirkung ist sehr wichtig. Einige Kassetten verfügen über Distanzringe aus Plastik, die bei genau jenem Kompressionsdruck eine bestimmte Breite aufweisen und so die höchstmögliche Synchronisation zwischen Gängen und Ritzeln gewährleisten.

5

6

AUSTAUSCH VON VERSCHLEISSTEILEN

KUGELLAGER WARTEN

1 Hier sehen Sie eine Auswahl an Werkzeugen zur Reparatur von Innenlagern. Man erkennt auf den ersten Blick, wie hoch spezialisiert diese Tools sind. Nur passionierte Hobbyschrauber werden diese Spezialwerkzeuge zu Hause vorrätig haben. Mit ihnen lassen sich die kleinen Kügelchen in den Lagern an einem modernen Rennrad ersetzen oder warten. Die meisten Hobbyradfahrer werden aber wohl eher froh sein, wenn ein professioneller Fahrradmechaniker diese Aufgabe übernimmt.

2 Die Kugellager gibt es in verschiedenen Ausführungen und Größen für Radnaben, Steuersatz und Tretlager. Sie können je nach Komponentenhersteller nochmals variieren. Die Anzahl der Kugeln sollte auf dem Kugellagergehäuse oder der Dichtung vermerkt sein und immer mit angegeben werden, wenn man sie austauschen möchte. Einige Komponentenhersteller produzieren ihre Kugellager selbst, ansonsten können sie auch von anderen Herstellern im Fachhandel erworben werden.

3 Shimano bevorzugt bis heute an den meisten Laufrädern herkömmliche Konuslager, doch viele Profiteams ersetzen die Stahlkügelchen durch Keramik. Naben mit Konuslager eignen sich besser als gedichtete Industriekompaktlager, da sie die Axialkräfte besser auffangen und leichter eingestellt und gewartet werden können. Ein korrekt eingestelltes und gefettetes Kugellager läuft wesentlich glatter als ein Industriekompaktlager.

3

▲ **Wenn manche Kügelchen im Lager der Nabe locker sitzen, sollten sie gesäubert und frisch gefettet werden.**

1

2

4 Der gewindelose Steuersatz ist am modernen Rennrad der zentrale Drehpunkt der Lenkung. Diese Lager können jahrelang halten und dabei aufgrund ihrer geringen Belastung kaum verschleißen. Dringt jedoch Wasser ein, trocknet ein Innenlager aus und wird beschädigt, sodass es sich unbeweglich anfühlt. Als letzte Möglichkeit bleibt nur der Austausch, denn eine Reparatur lohnt wegen der geringen Materialkosten nicht mehr.

5 Um ein Shimano-Kugellager in der Nabe zu warten, lösen Sie zunächst den Schnellspanner. Mit einem Fünf-Millimeter-Innensechskant und einem Konusschlüssel lösen Sie die Konterschraube und nehmen sie zusammen mit der Staubdichtung ab, sodass der Konus frei liegt. Merken Sie sich den Aufbau, am besten machen Sie ein Foto. Spannen Sie die frei liegende Achse an der gegenüberliegenden Seite in einen Schraubstock ein.

6 Rütteln Sie sanft an der Felge und prüfen Sie, ob es irgendwo Spiel gibt. Um dies festzustellen, kann man auch die auf ihrer Unterseite fein gezahnten Konen von Hand drehen und auf Spiel an der Felge prüfen. Mit einem Innensechskant an der gegenüberliegenden Achsseite verhindern Sie, dass sich die Achse mitdreht. Wenn die Nabe gefettet werden muss, sollten Lager und Kügelchen herausgenommen, gesäubert, gefettet und anschließend wieder eingesetzt werden.

7 Um das Lagerspiel zu justieren, ziehen Sie den Konus an, bis Sie einen Widerstand spüren, dann drehen Sie ihn eine Achteldrehung zurück. Mit dem minimalen Achsspiel wird verhindert, dass der Schnellspanner beim Festziehen die Nabe zu stark zusammenpresst und das Lager dauerhaft Schaden nimmt.

8 Sind die Konen korrekt eingestellt, stellen Sie sicher, dass die Achse sauber ist und die Gewinde frei von Schmutzpartikeln sind. Eine feine Öl- oder Fettschicht hilft, die Staubdichtung und die Konterschraube glatt anzuziehen und bei der nächsten Wartung leichter zu lösen. Ziehen Sie die Konterschraube mit dem Innensechskant und dem Konusschlüssel fest.

TOUR-TIPP

Herkömmliche Naben mit losen Kügelchen im Lager können mit neuem Lager und Fett gewartet werden. Manchmal lässt sich auch die Oberfläche nachschleifen. Doch ist eine Nabe tatsächlich »runter«, sollte dem Laufrad eine neue Nabe eingespeicht oder das Laufrad komplett ersetzt werden.

4
PERFORMANCE
Torque 5Nm
ZERO100

6

7

8

Ein Massensturz gehört zu den gefürchtetsten und auch gefährlichsten Unfällen im Peloton.

KAPITEL 14

STÜRZE UND UNFÄLLE IM PELOTON

In einem aus 176 Fahrern bestehenden Peloton, in dem jeder für seine Mannschaft arbeitet und eine Etappe gewinnen will, sind Unfälle unvermeidlich. Die Tage, an denen die Tour de France keine Stürze zu verzeichnen hat, sind rar gesät. Selbst der kleinste Unfall kann einem Rennrad aus Carbon schwersten Schaden zufügen, weshalb die Mechaniker sofort danach das Rad mit größter Sorgfalt in Augenschein nehmen.

STÜRZE UND UNFÄLLE IM PELOTON

WIE UNFÄLLE ENTSTEHEN

Stürze gehören zum Alltag der Tour de France. Dank der zahlreichen Kameras – nicht nur die von den Motorrädern vor und hinter dem Peloton, sondern auch vom Hubschrauber aus und an den Rennrädern selbst – schafft es noch der kleinste Sturz in die tägliche Berichterstattung. Der häufigste Grund für einen Sturz: zu viele Fahrer auf zu engem Raum. Die Geschwindigkeit spielt weniger eine Rolle. Viele kleine Unfälle ereignen sich unmittelbar nach dem Start, wenn das Rennen noch neutralisiert ist. Ein Fahrer checkt vielleicht noch etwas an seinem Rennrad, das Peloton wird langsamer – plötzlich fliegt ein Fahrer mit dem Rad durch die Luft. Die ganze Tour-Karawane tritt fluchend in die Eisen, und die Fernsehkameras halten drauf.

Fehlende Konzentration ist die häufigste Unfallursache. Wenn das Feld träge vor sich hinrollt – was man daran erkennt, dass es sich breit über die Straße auffächert –, kommt es zu kleineren Unfällen. Der Schaden am Rad ist meist marginal, aber für den Fahrer kann ein Sturz übel ausgehen. Möglicherweise fällt er so unglücklich, dass er sich das Schlüsselbein bricht.

Es klingt merkwürdig, aber wenn das Peloton das Tempo anzieht und mit mehr als 40 km/h dahinbraust, sind Unfälle aus Unachtsamkeit eher die Ausnahme. Die Fahrer reihen sich dann wie an einer Perlenkette auf, fahren mit maximaler Kraft und sind vollkommen auf das Hinterrad des Vordermanns fokussiert. Ihre Reaktionsfähigkeit ist meist so ausgeprägt, dass sie Stürze vermeiden können.

Während einer Flachetappe gibt es für gewöhnlich in der letzten Rennphase heiße Gefechte, aber auch in der ersten Stunde geht es oft schon rund. Sobald die rote Flagge geschwenkt wird, formieren sich einzelne Fahrer oder Teams, um eine Ausreißergruppe zu lancieren. Wenn die

▲ Ein kleiner Unfall geht vielleicht noch glimpflich mit einem defekten Reifen oder einem Plattfuß aus.

▶ Wenn ein Dutzend oder mehr Fahrer ineinanderkrachen, ist die Gefahr groß, dass sich das Rad nicht mehr reparieren lässt.

▲ **Schon unglaublich, aber selbst bei einem Sprintfinale führt der Sturz eines Fahrers nicht unweigerlich zu einem Massensturz – den Blitzreaktionen der anderen Fahrer sei Dank!**

Fahrer attackieren, hält das Feld entweder dagegen, oder man lässt sie in der Ausreißergruppe davoneilen. Im Finale der Etappe versammeln sich die Sprinterteams wie auch die Mannschaften für das Gesamtklassement vorn im Feld. Sie ziehen das Tempo an, kassieren die Ausreißer und halten die Geschwindigkeit so hoch, dass jeder weitere Fluchtversuch nahezu aussichtslos ist. Wenn so ein Expresszug plötzlich langsamer wird, etwa einen Kreisverkehr umfahren oder sich durch ein Nadelöhr winden muss, steigt das Risiko für einen Massensturz. Einen solchen Sturz fürchten die Fahrer am meisten.

Es besteht aber auch die Gefahr einer Kollision am Straßenrand – mit einem Zuschauer, einem Laternenpfahl oder einem geparkten Auto. Zwar gibt es nur selten Unfälle, die sich bei hohen Geschwindigkeiten ereignen, aber wenn doch, sind die Folgen oft schwere Verletzungen, das Ausscheiden und viel Schrottmaterial.

Wenn Carbon-Räder in einen Unfall verwickelt sind, kann das Material geradezu spektakulär bersten, zusammengefaltet oder zertrümmert werden in einem heillosen Durcheinander aus zerfranstem Carbon. Den Mechanikern ist meist sofort klar, dass hier nur noch ausgetauscht werden kann. So hetzen sie mit Ersatzrädern und -reifen zur Unfallstelle. Bei kleineren Unfällen ist die Sachlage nicht so eindeutig. Nach einer kurzen Prüfung am Straßenrand geht es für den Fahrer im Sattel weiter. Vielleicht lässt er sich später nochmals zum Teamfahrzeug zurückfallen, um weitere Kontrollen und Nachjustierungen vornehmen zu lassen. Oder er wechselt gleich auf das Ersatzrad, wenn er auf Nummer sicher gehen will.

CHECK-UP NACH DEM STURZ

▲ Ein Carbon-Rahmen kann bei einem Sturz komplett zerlegt werden.

ALLGEMEINE KONTROLLE

Nach einem kleinen Sturz bleiben einige verräterische Spuren am Rad zurück, doch sie beeinträchtigen noch lange nicht die Funktion der einzelnen Komponenten oder des ganzen Renners. Vielleicht sind Lenkerband und/oder Sattel abgewetzt oder zerschlissen. Beides lässt sich ersetzen.

Kratzer an Pedalen und Schaltwerk sind kaum vermeidbar, da diese Komponenten den Boden als Erste touchieren. Ähnlich ergeht es den Schalt-/Bremsgriffen und den Bremsgriffgummis. Auch diese Komponenten werden ausgetauscht, selbst wenn der Schaden nur kosmetischer Natur war und der Fahrer mit dem Rad die Etappe zu Ende fahren konnte. Zerlegt man die Komponente nicht, besteht immer die Gefahr, dass eine schwerwiegende Beschädigung übersehen wird. Außerdem ist es natürlich im Interesse des Teams und des Sponsors, dass die Räder stets in einem absolut makellosen Zustand präsentiert werden.

Falls das Rad keinen Platten davongetragen hat, werden nach einem Sturz als Erstes die Reifen gecheckt. Selbst wenn äußerlich alles in Ordnung zu sein scheint – vielleicht hat eines der Laufräder die Hauptlast des Aufpralls abbekommen –, sollten beide Laufräder kontrolliert werden, ob sie noch gerade ausgerichtet und keine Speichen beschädigt oder gebrochen sind. Dann folgt die Kontrolle der Felgen, die keine Beulen oder Bruchstellen aufweisen dürfen. Auch die Schnellspanner können etwas abbekommen haben, sie müssen immer noch fest angezogen sein.

Hat es hingegen den Lenker erwischt, was sich am Lenkerband recht gut ablesen lässt, sollte das Lenkerrohr sorgfältig nach Bruchstellen oder Einbeulungen abgesucht werden. Möglicherweise wurde der Lenker

stark verbogen, was auf einen gravierenden Schaden hindeuten kann. Dann werden das Lenkerband abgenommen und der Lenker geprüft. Viele Profis bevorzugen Lenker aus Aluminium, da sie bei einem heftigeren Sturz nicht so leicht brechen. Außerdem kann sogar mit einem verbogenen Aluminiumlenker weitergefahren werden, bis ein Ersatzrad bereitsteht.

Falls der Schaltwerkmechanismus Kratzer an der Befestigungsschraube aufweist, können Schaltwerk oder Schaltauge beschädigt sein. Der schnellste Weg, das zu prüfen, besteht darin, von hinten die Ausrichtung des Schaltwerks zu kontrollieren, das direkt auf einer Linie unter jedem Ritzel sitzen sollte. Steht es hingegen schief, kann man es demontieren und mit einem Schaltaugen-Richtwerkzeug prüfen. Ist das Schaltwerk verbogen, wirkt sich das negativ auf die Gangschaltung aus. Schaltet man dann auf das größte Ritzel, kann im Extremfall der Schaltrollenkäfig in das Hinterrad hineinragen und es blockieren (und dabei Laufrad, Schaltwerk, Schaltauge und selbst den Rahmen schwer beschädigen).

Wie das Schaltwerk können auch die Pedale Kratzer abbekommen, wenn sie über den Asphalt schlittern. Das muss nicht heißen, dass die Pedale oder Pedalachsen verbogen oder gebrochen sind (normalerweise überleben sie einen Sturz). Aber selbst dann tauscht der Mechaniker sie aus, denn das Risiko, mit einem verformten Pedal weiterzufahren, will man vermeiden.

KONTROLLE DES RAHMENS

Nach den Reifen folgt als wichtigste Komponente der Rahmen, der sofort kontrolliert und nach der Etappe nochmals ganz genau unter die Lupe genommen wird. Carbon-Rahmen halten eine Menge aus und sind auch für Stürze gewappnet, besonders wenn der Aufprall nicht punktuell an einer Stelle erfolgt. Falls der Rahmen beschädigt oder so zerstört ist, dass er nicht mehr benutzt werden kann, setzt sich der Fahrer auf sein Ersatzrad, dessen Platz auf dem

D

C

A. Völlig zerschrammtes Schaltwerk.

B. Verkratzte Kurbel.

C. Schnellcheck eines Mechanikers.

D. Gebrochene Carbon-Sitzstrebe.

E. Ein neues Rad, bitte!

F. Der Mechaniker justiert schnell noch etwas am Vorbau.

▶ Wenn Carbon bricht, dann oft mit spektakulärem und katastrophalem Ergebnis, wie dieses schrottreife Rennrad nach einem Sturz beweist.

Dachgepäckträger das ramponierte Rad einnimmt. Nach der Etappe werden alle Komponenten abmontiert, die sich noch an einem neuen Rahmen verbauen lassen.

Die Gabel kann bei einem Frontalaufprall etwas abbekommen haben. Daher sollte die Stellung der Gabelbeine zueinander geprüft werden und ob sich der Gabelschaft noch geschmeidig im Steuerrohr drehen lässt. Stahlgabeln lassen sich wieder in Form biegen, aber eine Carbon-Gabel kann unrettbar beschädigt sein. Selbst Profimechaniker geben zu, dass sie Haarrisse im Carbon nur schwerlich erkennen, weshalb sie immer auf Nummer sicher gehen und Gabel oder Rahmen austauschen. Ein simpler Trick geht wie folgt: Mit einer Münze den potenziell beschädigten Bereich abklopfen und genau hinhören, ob die Klopfgeräusche irgendwo anders klingen, was auf Risse hindeutet.

Es ist hingegen nicht möglich, den Gabelschaft innerhalb des Steuerrohrs genauer zu untersuchen, aber falls es zu einem heftigen Frontalcrash gekommen ist, versteht es sich von selbst, die Gabel abzumontieren und genauestens auf Riss- oder Bruchstellen zu prüfen. Auf die Stelle, an der der Gabelkopf mit dem Steuerrohr verbunden ist, wirken die größten Kräfte. Moderne Carbon-Rahmen verfügen über extrem steife Steuerrohre, die die Krafteinwirkung im Fall eines Sturzes auf die Gabel abwälzen.

Hat also die Gabel den Aufprall abbekommen, kann auch der Bereich rund um das Steuerrohr in Mitleidenschaft gezogen sein. Er sollte nach Rissen oder Dellen untersucht werden. Ist der Rahmen lackiert, lassen sich brüchige oder rissige Stellen natürlich leichter entdecken, auch wenn vielleicht nur die äußere Lackschicht einen Kratzer abbekommen hat und das Carbon darunter verschont wurde. Der einzige Weg, den genauen Schadensumfang zu ermessen, ist der Gang zur professionellen Carbon-Rahmen-Werkstatt. Mittels Thermografieverfahren wird die Carbon-Komponente großer Hitze ausgesetzt, sodass ein eventueller Riss sichtbar wird, sobald die Hitzeeinwirkung aussetzt. Daneben gibt es noch Ultraschall- und Röntgenverfahren, um einen möglichen Defekt aufzuspüren. Einige Spezialisten vertrauen auf das mikroskopische Bildgebungsverfahren, um Haarrisse genauer unter die Lupe zu nehmen.

Bei einem Sturz schlägt das Vorderrad oft so stark um, dass der Lenker heftig gegen das Oberrohr knallt. Auch hier sollten die möglichen Kontaktstellen zu beiden Seiten des Oberrohrs auf Beschädigungen hin überprüft werden. Normalerweise bewahrt das Polster im Lenkerband den Rahmen vor einer Reparatur oder gar der Schrottverwertung.

ARGON 18
Vittel
Tacx
BORA
AFS
ARGONFIT SYSTEM
MEDIUM
ARGON

Die wohl am häufigsten geprüften und eingestellten Komponenten eines Tour-Renners sind die Reifen. Täglich fallen hier gleich mehrere Aufgaben an.

KAPITEL 15

DIE REIFEN

Radsport auf dem höchsten Niveau zeigt sich ähnlich besessen bei der Reifenauswahl wie die Formel 1. Reifenwahl, Luftdruck- und tägliche Routineprüfungen nehmen viel Zeit in Anspruch. Für den Enthusiasten bietet sich dank der Detailversessenheit der Mechaniker ausreichend Anschauungsmaterial zum Lernen. Der technologische Fortschritt in den vergangenen Jahren scheint mehr dem leidenschaftlichen Radsportler als den Profis zugutegekommen zu sein, aber auch im traditionellsten Bereich eines Profiteams bahnen sich Veränderungen an.

▲ **Die Montage eines Schlauchreifens ist eine anspruchsvolle Tätigkeit. Sie zu beherrschen erfordert einiges an Übung.**

Bei den Reifen hebt sich ein Tour-Renner deutlich von einem Liebhaberrad ab, denn die Teams fahren in der Regel auf Schlauchreifen. Bei diesen wird der Schlauch direkt in den Mantel eingenäht. Abgedichtet mittels Nahtband, basieren Schlauchreifen auf einem Konzept, das bereits ein Jahrhundert alt ist. Warum aber finden sie außerhalb des Profiradsports kaum Verwendung?

Bei einem Plattfuß müssen sie aufwendig geflickt werden. Um an den Schlauch im Inneren zu kommen, wird das Nahtband vorsichtig abgezogen, bevor die Naht aufgeschnitten und aufgefaltet wird. Der Schlauch kann nicht ausgetauscht werden, und selbst wenn er sich flicken ließe, müssten im Anschluss zwei oder drei Zentimeter der Karkasse wieder vernäht und anschließend das Nahtband wieder aufgetragen werden. Die Folge: Ein defekter Schlauchreifen landet in der Tonne. Die Mechaniker hätten gar nicht die Zeit, ihn zu reparieren, und das Risiko, dass dabei etwas schiefgeht, ist den Aufwand nicht wert.

Handgefertigte Qualitätsschlauchreifen sind im Vergleich zu einem Drahtreifen mit Schlauch ziemlich teuer. Für günstige Exemplare spricht dagegen nichts, denn mit zusätzlichem Gewicht und geringerer Qualität fallen die wichtigsten Eigenschaften eines hochwertigen Schlauchreifens weg.

Es gibt natürlich Liebhaber, die vor Glück erstrahlen, wenn sie für solch einen Reifen, der bei der ersten Panne ausgedient hat, etwas mehr hinblättern müssen. Das Knock-out-Kriterium ist jedoch die Montage: Schlauchreifen werden nicht einfach aufgezogen, wie bei einem »normalen« Mantel mit Schlauch und herkömmlicher Speichenfelge. Er wird mittels Klebstoff mit der Felge verbunden, wobei es spezieller Laufräder bedarf. Zunächst wird dann ein Klebstoffbett aufgetragen, das über Nacht antrocknen muss.

Den Reifen aufzuziehen ist ebenfalls anspruchsvoll. Zunächst wird der Schlauchreifen gedehnt, und man muss höllisch aufpassen, dass man nicht versehentlich Klebstoff auf die äußere Mantelschicht schmiert, bevor er auf der Felge zentriert wird. Vor 25 Jahren waren Schlauchreifen die einzige Möglichkeit für Amateure und Profis, doch seither haben einfache Montage und Pannenhilfe sowie qualitative und technologische Fortschritte beim Drahtreifen den Schlauchreifen für die Enthusiasten im Radsport quasi überflüssig gemacht.

SIEGESZUG DER SCHLAUCHREIFEN

Warum also bevorzugen die Fahrer der Tour immer noch die Schlauchreifen? Den einen Grund gibt es nicht, wie man angesichts der Argumente, die für den Drahtreifen oder die neuerdings populären Tubeless-Reifen sprechen, annehmen könnte. Das ist wenig überraschend, sind doch die Leistungsvorteile marginal bis kaum messbar. Forschungsergebnisse sehen Hochleistungsdrahtreifen gegenüber Schlauchreifen beim Rollwiderstand sogar im Vorteil. Die Profis schätzen aber nach wie vor das bessere Feeling und Handling.

Ein weiterer Vorteil: Schlauchreifen sind widerstandsfähiger gegenüber dem sogenannten Schlangenbiss. Dabei wird der Reifen beim Aufprall hart gegen die Felgenflanke gepresst, worunter der Schlauch ziemlich leidet. Ein Schlauchreifen hingegen wird auf eine schmalere Felge geklebt, der ohne Flanke auskommt – eine

Reifenpanne durch einen harten Aufprall bei korrekt eingestelltem Reifendruck ist so praktisch ausgeschlossen. Bei niedrigerem Druck schlägt erst recht die Stunde des Schlauchreifens, denn gerade auf ungemütlichen Straßenbelägen wie Kopfsteinpflaster läuft er sicher und bequem ohne das erhöhte Pannenrisiko wie bei den Drahtreifen.

Ein weiterer Vorteil ist der Aufbau des Laufrads. Die Hohlkammerfelgen, auf denen der Schlauchreifen in einem konkaven Bett sitzt, kommen ohne Flanke aus. Bei einem Platten haftet der Schlauchreifen an der Carbon- oder Aluminiumfelge und verhindert so, dass die Felge mit der Straßenoberfläche in Berührung kommt. Der Fahrer kann also selbst mit einem Platten zunächst weiterfahren. Diese beiden Eigenschaften sind für einen Tour-Teilnehmer extrem wichtig. Er muss stets die Kontrolle über sein Gefährt haben und will so wenig Zeit wie möglich verlieren, wenn er sich zum Teamfahrzeug zurückfallen lässt. Der Drahtreifen hingegen verliert im Pannenfall jegliche Stabilität, das Rad ist nur noch mit Mühe zu kontrollieren, weil die Felge auf der Straße aufsetzt.

NEUE REIFENTECHNOLOGIE

Mittlerweile gibt es auch bahnbrechende Entwicklungen in der Reifen- und Bremstechnologie. Besonders zwei Neuerungen stechen hervor: Die Tubeless-Reifen sehen wie Drahtreifen aus, schließen mit der Felge luftdicht ab und brauchen im Ergebnis keinen Schlauch mehr. Sie bieten ähnlich viele Vorteile wie ein Schlauchreifen, darunter auch einen besseren Rollwiderstand.

Die Scheibenbremsen sorgten für Aufbruchstimmung bei den Designern. Die zuvor zwangsweise benötigte Flanke als Bremsfläche fällt weg, und die Hitzeentwicklung muss auch nicht mehr kalkuliert werden. Zählt man die elektronische Schaltung noch hinzu, dann gehört die gegenwärtige Ära wohl zu den aufregendsten in der Entwicklung des Fahrrads.

Für den Tubeless-Reifen wird ein Laufrad ganz ähnlich dem Drahtreifen mit Felgenflanken benötigt, damit die Reifenwulst sicher im Felgenbett anliegt. Allerdings ist eine kompatible Felge so konzipiert, dass sie zwischen den Flanken und der Wulst luftdicht abschließt. Das Felgenbett, bei dem die Speichenbohrungen abgedeckt werden, ist ebenfalls luftdicht und schließt fugenfrei ab. So kann man Tubeless-Reifen ohne Schlauch montieren und aufpumpen. Aber sie besitzen noch mehr Vorteile: Sie sind leicht, schmiegen sich ähnlich gut an wie Schlauchreifen und sind beinahe immun gegenüber Reifenpannen, da der separate Schlauch im Mantel fehlt.

Im Ergebnis lassen sich Tubeless-Reifen bei niedrigem Luftdruck ähnlich sicher

▼ **Hier prüft der Mechaniker, ob der Mantel korrekt auf dem Laufrad aufsitzt.**

und komfortabel wie Schlauchreifen fahren. Der Rollwiderstand ist besser als beim Schlauchreifen, der wegen des vernähten Schlauches und der engen Verbindung zur Felge Reibungsverluste hinnehmen muss. Wie ein Drahtreifen erhält ein Tubeless-Reifen bessere aerodynamische Eigenschaften, wenn er auf einer moderneren, etwas breiteren Felge aufgezogen wird.

VORBEHALTE GEGENÜBER TUBELESS

Vom Profiradsport wurden Tubeless-Reifen nur langsam akzeptiert, obwohl die meisten Hersteller mittlerweile Mäntel wie auch Felgen anbieten. Anfangs gab es noch einige Kompatibilitätsprobleme. Doch überschüssiges Gewicht am Laufrad und unvorhersehbares Handling im Pannenfall sind Kinderkrankheiten, die man immer noch nicht in den Griff bekommen hat. Für die Hobbyradsportler bleibt ein Tubeless aber eine exzellente Wahl, besonders wenn der Reifen mit Dichtmilch gefüllt ist, sodass das Risiko einer Reifenpanne gegen null tendiert. Tubeless-Reifen sind aber schwer zu montieren und benötigen initial einen hohen Anpressdruck, um Reifenwulst und Felge luftdicht abzuschließen.

Die Hitzeentwicklung durch heftigere und längere Bremsphasen an Felgenbremsen ist ein weiterer Grund, warum sowohl Fahrer als auch Mechaniker bei der Tour weiterhin auf Schlauchreifen setzen. Carbon-Felgen geben Wärme schlechter ab als Aluminiumfelgen, und bei langen Abfahrten, wo sich viel Hitze aufstaut, wird das Reifenmaterial einem gehörigen Stress unterzogen. Reifen, die wie Drahtreifen und Tubeless über eine Wulst verfügen, können ausbeulen oder gar vom Laufrad springen. Schlauchreifen mit entsprechenden Felgen, die von den Mechanikern präpariert werden, gewährleisten hier weiterhin konstant Leistung und Sicherheit. Doch der Einzug der Scheibenbremsen hat dazu geführt, dass die Entwicklungsabteilungen sowohl die traditionelle Funktion der Felge als auch ihre Symbiose mit dem Mantel neu überdenken: Fällt das Laufrad als Bremsoberfläche weg, lassen sich leichtere Felgen bauen, und das aerodynamische Verhältnis von Reifen und Felge lässt sich optimieren. Natürlich gilt dieser Vorteil auch für Schlauchreifen – er macht sie für all jene Fahrer attraktiv, die Felgen mit möglichst geringen Zentrifugalkräften bevorzugen, also für Bergziegen und Klassementfahrer.

Ein weiterer Vorteil der Scheibenbremsen: Die Doppelgelenkbremse an Gabelschaft und Sitzstrebe fällt weg, sodass dieser Bereich frei wird und breitere Reifen montiert werden können. Die übliche Reifenbreite ist bereits von 23 auf 25 Millimeter gestiegen, und bei schlechtem Untergrund werden sogar 30 Millimeter breite Reifen aufgezogen. Ein breiterer Reifen mit weniger Luftdruck beeinflusst nicht zwangsweise den Rollwiderstand, im Gegenteil: Tatsächlich rollt er teils schneller ab als ein schmalerer Reifen mit höherem Druck.

Schlauchreifen bieten also für den Profifahrer bei der Tour de France trotz ihrer Nachteile die beste Mischung in puncto Gewicht, Handling und Sicherheit. Es gibt spannende Alternativen, die gleich gut oder gar besser abschneiden, aber es wird noch eine Weile dauern, bis die Profiteams den neuen Reifentypen genügend Vertrauen entgegenbringen, dass diese sich auch mit einem Plattfuß sicher weiterfahren lassen.

Das Zeitfahren ist die einzige Disziplin, bei der nur schwerlich gegen den geringeren Rollwiderstand eines Drahtreifens oder Tubeless argumentiert werden kann. Deren Einsatz bei einer normalen Straßenetappe wäre problematisch, doch beim Zeitfahren gelten andere Regeln. Tritt eine Reifenpanne auf, muss man nicht noch eine Weile weiterfahren können – das Teamfahrzeug folgt dem Fahrer in wenigen Metern Abstand. Heftiges Bremsen wie bei Abfahrten und Hitzeentwicklung spielen nur äußerst selten eine Rolle. Ebenso wenig bedeutsam ist die leichteste Kombination aus Laufrad und Reifen, da beim Zeitfahren nur selten ein explosiver Antritt gefordert ist. Tour-Mechaniker von einigen Teams führen immer einen Bestand an Draht- oder Tubeless-Reifen mit, die nur im Kampf gegen die Uhr zum Einsatz kommen.

DER TOUR-MECHANIKER UND DIE REIFEN

Von all den Aufgaben eines Tour-Mechanikers ist die Reifenpflege die zeitaufwendigste. Vom Aufpumpen vor dem Start über den Austausch bei einer Panne während des Rennens bis hin zu Reifenwechsel und Laufradpflege am Abend: Bei der Tour ist jeder Tag Reifentag. Im Radsport mag die Wahl des richtigen Reifens nicht so ausschlaggebend für Sieg oder Niederlage sein wie im Motorsport. Dennoch wird keine Mühe gescheut, das passende Modell für ein Maximum an Leistung und Grip zu wählen.

Ein kleiner Unterschied in der Reifenzusammensetzung hat nicht denselben Effekt wie im Motorsport. Aber im Radsport kann der falsche Reifen oder Druck mit einer Panne oder einem Sturz bestraft werden, mit ernsthaften Konsequenzen für den Fahrer. Ein Etappensieg wird im Prinzip niemals mit der Wahl des richtigen Reifens in Verbindung gebracht, aber ein Problem mit den Reifen kann alle Hoffnungen eines Fahrers bei der Tour zunichtemachen.

Die Teammechaniker müssen unzählige Aufgaben erledigen und sind es gewohnt, im Eiltempo zu arbeiten. Nur bei der Reifenkontrolle schalten sie oft einen Gang zurück, wenn sie die Reifen vorbereiten, auf die Felgen aufziehen und den Druck genauestens anpassen. Viele Komponenten brauchen kaum oder gar keine Wartung, wie beispielsweise die elektronische Schaltung, die sich selbst justiert. Defektes Equipment wird ausgetauscht, und einige der klassischen Fähigkeiten, die ein professioneller Radmechaniker mitbringt, muss er nur äußerst selten abrufen. Vielleicht sind die Mechaniker bei der Tour deshalb immer noch so stolz auf die einzige Komponente, die sich innerhalb eines Jahrhunderts kaum verändert hat und uralter Fähigkeiten in puncto Wartung und Pflege bedarf.

▲ **Ersatzreifen mit Mänteln, die entsprechend dem Etappenprofil ausgewählt wurden, werden auf den Dachgepäckträger montiert.**

KLEBER UND ZEIT

Bei der Tour reist jedes Team mit zahlreichen Laufrädern an, die mit neuen Schlauchreifen bestückt sind. Im Lauf der dreiwöchigen Rundfahrt werden bis zu 100 Reifen verbraucht. Bei Pannen, Verschleiß oder leichtesten Spuren von Beschädigung werden sie ausgetauscht, und bei Regenwetter, Zeitfahren und speziellen Etappen mit Kopfsteinpflaster montieren die Teams spezielle Reifensätze.

Jedes Team hat Mechaniker, die nur an Reifen arbeiten, alte Schlauchreifen abziehen und Felgen präparieren, bevor sie neue Schlauchreifen montieren. Auf der Felge werden mindestens drei Schichten eines speziellen Klebers aufgetragen. Wenn der Schlauchreifen ausgedient hat, werden einige Bereiche des alten Klebstoffs abgekratzt, um das Felgenbett für eine frische Schicht vorzubereiten.

Der Reifen wird in einem Zentrierständer eingespannt, bevor der Mechaniker mit einer Klinge oder einer Feile alte Kleberreste abschabt. Erst dann wird der neue Schlauchreifenkleber mit einem Pinsel aufgetragen (bei einer neuen Felge wird die Oberfläche zunächst mit Schmirgelleinen oder einer Drahtbürste angeraut). Ebenso wird eine dünne Schicht des Klebers innen auf dem Nahtschutzband aufgetragen, das idealerweise auch frei von Restpartikeln ist.

Schlauchreifenkleber härtet nicht vollständig aus und erhält seine Klebeeigenschaften sehr lang. Mindestens drei Schichten werden auf einer neuen Felge aufgetragen, wobei jede Schicht 24 Stunden trocknen sollte. Danach wird nochmals eine letzte Schicht aufgetragen, die ein paar Minuten trocknen muss, bevor der leicht aufgepumpte Reifen vorsichtig und nach Augenmaß auf die Felge gezogen wird. Sodann pumpt der Mechaniker etwas Luft in den Reifen, während er den Schlauchreifen auf dem immer noch klebrigen Felgenbett zentriert. Zudem überprüft er das Reifenprofil auf seitliche Bewegungen sowie Ausbeulungen, vor allem im Bereich rund um das Ventil. Überschüssiger Kleber wird vorsichtig mit einem in Azeton getränkten Lappen entfernt. Nun ist der Schlauchreifen montiert, aber man sollte zwei weitere Tage verstreichen lassen, bevor die erste Ausfahrt erfolgt.

▼ Der Kleber wird sowohl auf den Schlauchreifen als auch auf die Felge aufgetragen.

TOUR-TIPP

Manche Mechaniker tragen die letzte Schicht Kleber mit dem Daumen auf, damit sie so dünn wie möglich ausfällt.

SCHLAUCHREIFENMONTAGE

1 Das Ventil sollte lang genug für die angedachte Felge sein. Carbon-Felgen mit hoher Flanke benötigen einen sehr langen Ventilschaft. Die Pro-Mechaniker verfügen über zahlreiche Ventilverlängerungen, da sie auf ebenso unterschiedlich hohe Laufradsätze passen müssen. Spannen Sie einen neuen Schlauchreifen auf ein Ersatzrad, aber ohne Kleber aufzutragen.

2 Idealerweise ist das Laufrad in einem Zentrierständer eingespannt. Falls die Felge neu ist, muss zunächst das Felgenbett mit etwas Schmirgelleinen oder einer Drahtbürste ganz vorsichtig angeraut werden. Schleifen Sie damit das Felgenbett komplett ab.

3 Ist das Laufrad hingegen gebraucht und weist es noch Kleberückstände auf, sollten diese entweder teilweise – sodass eine dünne Schicht übrig bleibt – oder vollständig mit einem kleinen Messer entfernt werden.

1

2

3

TOUR-TIPP

Lagern Sie neue Schlauchreifen ausgepackt dunkel und trocken, sodass der Gummi keinen Schaden nimmt. Vor der Montage sollten die Reifen auf einer Felge ohne Kleber vorgedehnt werden.

4 Anschließend kann die erste Schicht Klebstoff aufgetragen werden. Verteilen Sie ihn mit einem kleinen Pinsel gleichmäßig auf der Felge, besonders auch an der Aussparung für das Ventil. Einige Mechaniker benutzen eine mit Kleber gefüllte Trinkflasche, mit der sie zwischen jeder Speichenbohrung einen kleinen Tropfen auftragen.

5 Entfernen Sie alle Schmutzreste vom Nahtschutzband mit einer sehr feinen Feile, bevor Sie eine dünne Schicht Kleber auftragen. Nun sollte der Kleber sowohl auf der Felge als auch auf dem Reifen 24 Stunden austrocknen. Bei einer neuen Felge wiederholen Sie den Vorgang noch ein- oder zweimal, das Nahtschutzband sollte ebenfalls noch einmal eine dünne Schicht erhalten.

6 Zu guter Letzt wird eine abschließende Schicht Kleber auf die Felge gegeben. Warten Sie anschließend ein paar Minuten ab, bis sich der Klebstoff richtig klebrig anfühlt. Nehmen Sie dann das Laufrad aus dem Zentrierständer und stellen Sie es auf den Boden. Dessen Oberfläche sollte trocken und sauber sein.

7 Pumpen Sie etwas Luft in den Reifen, aber nur so viel, dass er seine Form annimmt. Führen Sie das Ventil durch die Aussparung und – mit dem Reifen auf dem Boden direkt vor Ihnen – ziehen Sie die obere Hälfte des Reifens auf die Felge auf. Achten Sie unbedingt auf den korrekten senkrechten Sitz des Ventils.

8 Drücken Sie die Felge gegen die Hüfte und schieben Sie langsam mit dem Daumen Stück für Stück von dem Reifen auf die Felge. Nun muss der Reifen zentriert werden, wobei das Nahtschutzband als Orientierung dient. Ertasten Sie mit den Händen den korrekten Sitz und stellen Sie sicher, dass sich der Reifen perfekt in das Felgenbett schmiegt.

9 Pumpen Sie den Reifen leicht auf und drehen Sie ihn langsam. Kontrollieren Sie, ob das Reifenprofil sauber sitzt, und achten Sie besonders auf Ausbeulungen rund um das Ventil. Solange der Kleber noch nicht ausgehärtet ist, kann der Schlauchreifen justiert werden.

10 Pumpen Sie den Reifen entsprechend den Vorgaben des Herstellers auf und kontrollieren Sie die Felge auf Kleberückstände. Sie können mit etwas Azeton und einem Lappen entfernt werden, den Rest erledigen später die Bremsen. Vor der ersten Ausfahrt sollten Sie mindestens 24 Stunden, besser 48 Stunden verstreichen lassen.

TOUR-TIPP

Unterwegs lässt sich ein Schlauchreifen nicht flicken, es gibt nur zwei Lösungen: Entweder zieht man einen Ersatzschlauchreifen auf und fährt ganz vorsichtig nach Hause, oder man befüllt den Reifen mit der für diesen Zweck vorgesehenen Dichtmilch.

4

5

6

7

8

9

10

Durch spezielle Lackierung und kleine Details sticht ein Tour-de-France-Rennrad heraus.

KAPITEL 16

IHR GANZ PERSÖNLICHES RAD

Ein Tour-Renner hat zahlreiche, nach Maß gefertigte Komponenten, die teils so subtil sind, dass nur das Kennerauge sie entdeckt. Profimechaniker kennen verschiedene Trick, damit sich die Räder von der Masse abheben. Vielleicht haben Sie Spaß daran, ein paar davon für Ihr eigenes Rad zu übernehmen. Das Aussehen mag nicht alles sein, aber wenn es um Räder geht, gilt das Motto: »Wenn das Rad gut aussieht, fährt es sich auch gut!«

IHR GANZ PERSÖNLICHES RAD

▲ Viele Fahrer haben ihren Rahmen mit einem personalisierten Logo oder Symbol verziert.

Wie schafft man es, dass das eigene Rennrad aus der Masse herausragt? Diese Frage nimmt unter Radsportlern einen immer größeren Stellenwert ein, und die Fahrradindustrie bietet seit einiger Zeit personalisierte, maßgefertigte Komponenten, Accessoires und Dienstleistungen an. Die Massenproduktion von Carbon-Rahmen und die Dominanz einer kleinen Anzahl von Schaltgruppenherstellern drängte die Schmieden handgefertigter, nach individuellen Wünschen gebauter Stahlrahmen zurück. Im Prä-Carbon-Zeitalter wimmelte es nur so von Rahmenbauern in den radsportverrückten Nationen, und die meisten Rahmen entstanden in Größe, Form und Farbe exakt nach Kundenwunsch.

Nachdem die Maße für den handgefertigten Rahmen ermittelt worden waren, bestimmte der Kunde die Rohrform, die Art der Verschweißung, alle möglichen Spielereien an Muffen und Gabeln sowie den Typ und die Gestaltung der Ausfallenden. Selbst die Kabelhalterung und -führung an Ober- und Unterrohr war nicht vorgegeben. Schließlich hatte der Kunde die Qual der nahezu unendlichen Farbauswahl, und er konnte bestimmen, wie der Rahmenbauer grafisch auf dem Rahmen verewigt werden sollte. Manch älterer Stahlrahmen erhielt mit neuer Farbe sowie neuer Verzierung eine Generalüberholung.

EXKLUSIVE FARBEN

Carbon-Rahmen können individuell lackiert werden. Wenn es also einen Königsweg gibt, wie sich Ihr Fabrikrahmen von anderen abhebt, dann wohl durch eine Neulackierung. Da sich Carbon-Rahmen zudem reparieren lassen und Carbon bei Fahrern mit seriösen Ambitionen das Mittel der Wahl sind, gibt es heute zunehmend hochspezialisierte Reparatur- und Lackierbetriebe für Carbon-Rahmen. Diese sind empfindlicher beim Entfernen und Auftragen von Lack, sodass für diese Arbeiten – wie auch für die Reparatur – immer ein Experte zurate gezogen werden sollte. Die Neulackierung eines Rahmens ist nicht nur unverschämt teuer, Sie müssen auch die Kosten für Demontage und Wiedereinbau der Komponenten bedenken.

Einige große Hersteller bieten mittlerweile individuelle Lackierungen an. Sollten Sie Ihre eigene »Limited Edition« kreieren wollen, lohnen sich die Mühen der Suche. Falls die Hersteller sogar maßgeschneiderte Kundenwünsche verwirklichen, können Sie sich ein Rad zusammenstellen, das es mit den Kosten für ein luxuriöses Auto durchaus aufnehmen kann.

CARBON NACH MASS

Nicht alle Rahmen aus Carbon stammen aus der Massenproduktion und basieren auf einigen wenigen Gussformen. Eine kleine, aber feine Anzahl von Rahmenbauern, die ebenfalls mit Carbon arbeiten, können auch für Sie einen exakt zugeschnittenen Rahmen anfertigen, ganz ähnlich den traditionellen Stahlrahmenschmieden. Die beliebteste Variante, einen maßgeschneiderten Carbon-Rahmen zu konstruieren, erlaubt es, die Länge jedes einzelnen Rohrs individuell auf den Kunden abzustimmen. Da Beschränkungen durch Gussformen oder Muffen wegfallen, hat der Konstrukteur alle Freiheiten, einen einzigartigen

Rahmen zu entwerfen, der dem Fahrstil des Auftraggebers entspricht. Ein sehr leichter Rahmen kann von Hand produziert werden, denn der Rahmenbauer verfügt über den Luxus, leichtere Rohre auszuwählen und seine ganze Kunstfertigkeit darauf zu verwenden, den Rahmen materialtechnisch auf das Allernötigste zu beschränken, was bei einem Rahmen von der Stange unmöglich ist. Außerdem gehört ein handgefertigter und mit Sonderlackierung ausgestatteter Rahmen zu den exklusivsten – und teuersten – Möglichkeiten, sich selbst ein wenig aus der Masse herauszuheben.

Selbst für Profifahrer bleibt solch ein Equipment außer Reichweite, denn die namhaften Hersteller werden sich kaum dabei erwischen lassen wollen, dass ihre Fahrer auf Rahmen unterwegs sind, die man gar nicht einfach bei ihnen kaufen kann. Dennoch: Die Rahmen, die bei der Tour zum Einsatz kommen, gehören zu den leichtesten und besten im Radsport, aber sie passen nicht immer optimal zum Fahrer. Deshalb nehmen die Tour-Mechaniker teils extreme Einstellungen vor, um die Komponenten so zu modifizieren, dass das Rad bestens auf den Fahrer abgestimmt ist.

Individuelle Lackierungen hingegen sind bei der Tour de France nicht selten, und bei den Trägern des Gelben, Grünen und Gepunkteten Trikots eher Regel als Ausnahme. Passend zu den Farben des jeweiligen Trikots ziehen diese Renner die Augen aller auf sich und garantieren den Herstellern eine größere Aufmerksamkeit.

A. Verzierte Steuersatzkappe.

B. Sattel aus Carbon.

C. Grün getüpfelte Kettenstrebe.

FARBENFROH UNTERWEGS

Ein reguläres Tour-Rad ist nicht zwangsläufig individuell lackiert, aber der Name des Fahrers ist auf dem Oberrohr verewigt. Das könnte der Hobbyradfahrer nachahmen. Hierfür bieten sich Aufkleber von Produzenten an, die Namen, Nationalflagge oder andere Symbole und Verzierungen drucken, sodass auch Sie Ihren Rahmen nach Wunsch gestalten können.

Mit durchsichtigem Klebeband können Sie Rahmen und Komponenten vor hässlichen Kratzern schützen, vor allem an Lenker und Sattelstütze unter den Halterungen für Beleuchtung und Radcomputer. Für den Rahmen gibt es Klarsichtaufkleber, mit denen die Reibungspunkte von Rahmen und Kabelzügen abgeklebt werden können; zudem sind sie besonders effektiv an den Flanken des Steuerrohrs.

▲ Farblich abgestimmte Sattelklemme.

▶ Züge mit Schrumpfschlauch.

▶▶ Individuell gestaltete Lackierung an Rahmen und Gabel.

Dem Rad einige Farbtupfer zu verpassen ist ein anderer Weg, seine Maschine zu etwas Besonderem zu machen. So können Sie die Originalschrauben der Flaschenhalter gegen bunte austauschen und sie farblich mit der Rahmenbeschriftung abstimmen. Ebenso lassen sich auch an anderen Komponenten wie Kettenblatt, Vorbau und Lenker bunte Schrauben verbauen. Mit einem farbigen Lenkerband setzen Sie einen weiteren Blickfang. Andere Komponenten wie Vorbau, Lenker, Sattelstütze und vor allem Sattel sind in vielen verschiedenen Farben erhältlich und verhelfen dem Rennrad zu einem neuen Look – vorausgesetzt, die Farben passen zueinander.

KEIN KABELSALAT

Wenn Sie eine elektronische Schaltung verbaut haben, mögen die kleinen Kabel vom Lenker zum Rahmen das aufgeräumte Bild stören. Eine sehr schlaue Lösung kann darin bestehen, die Kabel mit den Bremszügen mittels eines Schrumpfschlauchs zu verbinden. Das ist ein ziemliches Gefrickel und wird dann nötig, wenn Kabel und Züge innerhalb des Rahmens verlaufen. Schrumpfschläuche gibt es im Elektrofachhandel und sind dazu gedacht, mehrere Kabel zu einem Strang zu bündeln. Mittels Föhn oder Heißluftgebläse wird der Schrumpfschlauch erhitzt, sodass er sich um die Kabel herum zusammenzieht.

TOUR-TIPP

Hobbyrennradler legen nicht unbedingt Wert auf eine extreme Sattelüberhöhung, sodass der Vorbau für gewöhnlich nicht direkt auf dem Steuerrohrkopf sitzt. Viele Spacer unter dem Vorbau wirken aber unprofessionell. In dem Fall kann ein maßgeschneiderter Spacer eine turmartige Anhäufung von Distanzringen clever umgehen.

ARGON 18

DRAHTREIFENMONTAGE

▲ Auch Hobbyradsportler sollten wissen, wie die Reifen zu montieren sind und welcher Reifendruck korrekt ist.

1 Prüfen Sie, ob das Felgenband noch in gutem Zustand ist, mittig im Felgenbett liegt und alle Speichenbohrungen abdeckt sind. Ein frei liegendes Speichenende kann für zahlreiche Reifenpannen verantwortlich sein. Prüfen Sie besonders den Bereich rund um das Ventil. Ist das Felgenband beschädigt oder verschlissen, tauschen Sie es besser aus.

2 Kontrollieren Sie den Mantel. Manchmal sind Markierungen darauf, die die Laufrichtung des Reifens anzeigen. Falls Sie einen gebrauchten Mantel aufziehen, prüfen Sie den Abrieb und entfernen Sie gegebenenfalls Fremdkörper aus der Karkasse.

3 Richten Sie den Mantel so aus, dass die Herstellerangaben direkt am Ventil sind – das sieht nicht nur gut aus, sondern so lässt sich auch ein Plattfuß genauer lokalisieren. Idealerweise stellen Sie den Reifen aufrecht auf den Boden, mit der Aussparung für das Ventil nach oben.

4 Beginnen Sie genau gegenüber dem Ventil. Schieben Sie die Reifenwulst mit den Daumen auf das Laufrad. Die erste Seite sollte sich ohne Schlauch noch leicht über die Felgenflanke schieben lassen.

5 Tragen Sie nun eine kleine Menge Talkumpuder auf, ein preiswertes Produkt reicht völlig aus. Legen Sie etwas unter den Reifen, falls etwas Puder danebengeht.

6 Verreiben Sie den Puder auf der Innenseite des Mantels. Das Talkum sorgt dafür, dass Schlauch und Mantel nicht aneinanderkleben.

TOUR-TIPP

Man braucht keine Ventilmutter, außer das Ventil ist sehr kurz, sodass Sie es möglicherweise mit dem Pumpenaufsatz in die Felge drücken. Im Winter schützt allerdings eine Ventilkappe den empfindlichen Ventilstößel vor Korrosion.

1

2

3

4

5

6

7

8

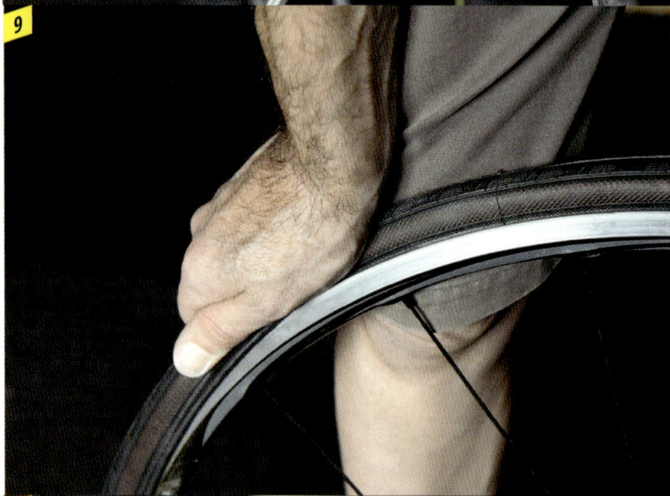
9

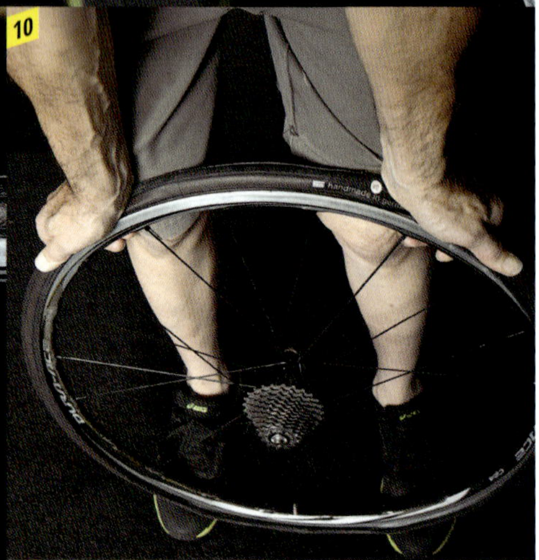
10

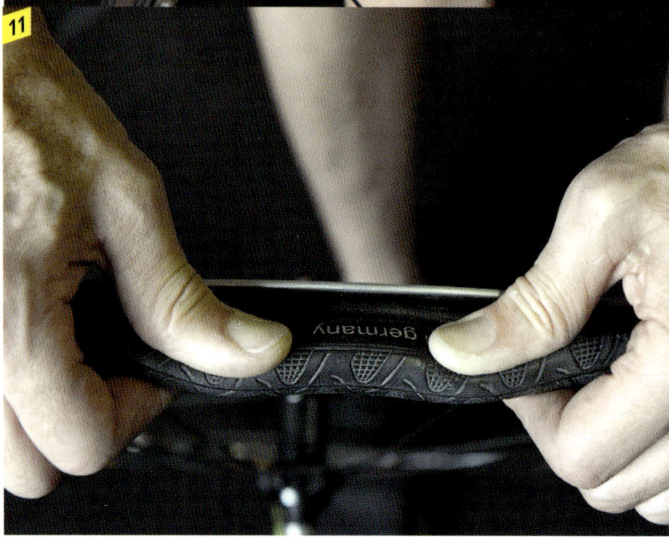

11

12

7 Stellen Sie sicher, dass der Ventilschaft lang genug für die Felgenflanke ist. Falten Sie den Schlauch auseinander, schrauben Sie Ventilmutter und -kappe ab, bevor Sie ihn etwas aufpumpen, sodass er Form annimmt. Es gibt viele Möglichkeiten, das Ventil so zu fixieren, dass es nicht rattert. Die einfachste: etwas Isolierband in der Mitte anstechen, dann von oben über das Ventil führen und rund um den Fuß des Ventilschafts am Rahmen fixieren.

8 Legen Sie den Schlauch in den Mantel und führen Sie das Ventil durch die Ventilbohrung. Achten Sie darauf, dass der Schlauch überall gleichmäßig verteilt und nirgendwo eingeklemmt ist. Das Ventil muss rechtwinklig von der Felge abstehen.

9 Nun folgt die andere Mantelseite. Beginnen Sie wiederum gegenüber dem Ventil und wiederholen Sie das Prozedere von Schritt 4. Versuchen Sie es ohne Reifenheber, der Mantel sollte sich ohne Hilfsmittel von Hand auf die Felge schieben lassen. Mit einem Reifenheber besteht immer das Risiko, dass der Schlauch zwischen Heber und Felge eingeklemmt wird.

10 Arbeiten Sie sich bis zum Ventil vor. Es sollte möglich sein, mit dem Daumen das letzte Stück des Mantels auf die Felge zu schieben (etwas Talkumpuder erleichtert den Vorgang, außerdem sollte der Schlauch bis hierhin wirklich nur ganz leicht aufgepumpt sein). Falls Sie es mit reiner Muskelkraft nicht schaffen, investieren Sie lieber ein paar Euro mehr für qualitativ hochwertige Reifenheber.

11 Bevor Sie den Reifen aufpumpen, prüfen Sie genau, ob der Mantel sauber auf dem Laufrad sitzt und nirgends ein Stück Schlauch hervorlugt. Walken Sie nun den Reifen hin und her, sodass sich der Schlauch mittig im Mantel und weg von der Reifenwulst einnisten kann.

12 Pumpen Sie den Reifen mit einer Standpumpe auf die Hälfte des empfohlenen Drucks auf. Inspizieren Sie den Reifen auf Ausbeulungen und kontrollieren Sie, ob der Mantel sauber auf der ganzen Felge sitzt. Sollten Sie irgendwo eine Unwucht erkennen, lassen Sie die Luft komplett aus dem Schlauch und beginnen erneut bei Schritt 11.

▲ **Mit einem Pflaster wird das Ventil fixiert, dann kann nichts mehr klappern.**

TOUR-TIPP

Ventilgeräusche können sehr störend sein, aber dieses Problem lässt sich leicht lösen: Stülpen Sie einen kleinen Streifen Isolierband über das Ventil und fixieren Sie es eng um den Fuß des Ventilschafts. Achten Sie darauf, dass der Bereich auf der Felge rund um die Aussparung sauber und trocken ist.

Das Colnago Mexico mit Campagnolo-Schaltgruppe stammt aus den 1980er-Jahren. Es gehört zu den schönsten Klassikern.

KAPITEL 17

KLASSIKER DER TOUR

Rennräder, die früher bei der Tour zum Einsatz kamen, werden mittlerweile hoch gehandelt – weil sie selten sind und an das »heroische« Radsportzeitalter von den frühen 1950er- bis in die späten 1980er-Jahre erinnern. Sie sind begehrte Sammlerstücke. Noch besser aber ist ein uralter Renner mit der Ausstattung eines Tour-Rads von heute! Der erstaunliche Zuwachs bei den Eroica-Veranstaltungen, bei denen die Vergangenheit aufblüht, hat das Interesse an den Klassikern und die damit verbundenen Fragen hinsichtlich Wartung noch vergrößert.

KLASSIKER DER TOUR

DIE 1950ER-JAHRE

Die 1950er-Jahre entwickelten sich zu einer optimistischen und innovativen Zeit im Radsport, besonders in Italien und Frankreich. 1950 brachte der Weltmarktführer Campagnolo – beeinflusst von der französischen Simplex-Schaltung – die erste verlässliche und robuste Zugschaltung auf den Markt. Die Gran Sport ersetzte die Cambio Paris–Roubaix. Bei dieser wurde der Gang über eine Schaltstange gewechselt, die hinten an der Sitzstrebe befestigt war. Mit ihr wurde das Rad innerhalb der Ausfallenden vor und zurück bewegt, während mittels einer Gabel vier Ritzel angewählt werden konnten.

Schaltwerke mit ihrem so typischen Parallelogramm-Design bedeuteten einen großen Schritt in der Entwicklung der Rennradschaltung, die sich in Bezug auf Zugschaltungen im Prinzip bis heute kaum verändert hat. Das unten abgebildete Bianchi-Modell aus den 1950er-Jahren unterscheidet sich nicht wesentlich von den Rädern, die 50 Jahre später bei der Tour zum Einsatz kamen. Bis heute ähneln sich viele Funktionsweisen, denn vom Antriebsstrang bis hin zu Zugbremsen und Speichenrädern mit Schlauchreifen sind die größeren Veränderungen eines halben Jahrhunderts eher in der Materialqualität festzumachen. Die Funktionsweise ist grundsätzlich gleich geblieben – ein Beleg dafür, dass viele Komponenten an modernen Rennrädern so gut entwickelt sind, dass kaum noch Verbesserungspotenzial vorhanden ist.

Der Antrieb von Bianchi mit einem über Züge betätigten vorderen und hinteren Schaltwerk, einer Kurbel mit zwei Kettenblättern und einer Kassette mit unterschiedlich großen Zahnkränzen ist auch dem heutigen Rennradfahrer noch vertraut.

▲ Das Schaltwerk einer Paris–Roubaix-Schaltung von Campagnolo.

▼ Ein absoluter Klassiker: ein Bianchi aus den 1950er-Jahren.

Das Bianchi verfügt über fünf Ritzel, sodass der Fahrer acht Gänge zur Auswahl hat (zwei fielen wegen zu spitzem Winkel bei der Kettenführung weg). Moderne Renner haben elf oder zwölf Ritzel mit 20 möglichen Übersetzungen. Falls eine Zugschaltung verbaut ist, sind die Schalthebel nicht mehr am Unterrohr angebracht, sondern in die Bremshebel integriert. Am Bianchi greift der Fahrer nach unten und betätigt mit Daumen und Zeigefinger die grazilen Aluminiumschalthebel – den rechten für das Schaltwerk, den linken für den Umwerfer.

An frühen Schaltwerken fehlten die Einraststufen der modernen Schaltung, das heißt: Die Hebel am Unterrohr verstellten das Schaltwerk stufenlos. Das erforderte beträchtlich mehr Finesse und mechanisches Verständnis als die heutigen Antriebe.

Die Zugbremsen waren aus Aluminium, die vorn an der Gabel sowie an einer Brücke zwischen den Sitzstreben angebracht waren – ein System, auf das selbst heute noch viele Tour-Räder vertrauen! Einziger Unterschied: Das Material hat sich verbessert, und Bremskraft wie auch Bremsgefühl sind dank zusätzlicher Drehgelenke deutlich optimiert.

Es gibt noch andere Komponenten, die sich seit den 1950ern nicht verändert haben. Nehmen wir den Aufbau des Sattels und der Sattelstütze als Beispiel. Am Oldtimer ist der Sattel, montiert auf einem Gestell mit zwei Streben, mit einem komfortablen, atmungsaktiven Leder überzogen. Mit seitlichen Klemmen wird er mit der Sattelstütze verschraubt, die wiederum mit einer Sattelklemme im Sitzrohr fixiert wird.

Neben den Materialien sind auch heutige Sättel und Sattelstützen im Prinzip vom Aufbau her gleich. Eine Sattelstütze, die sich ganz leicht durch Hoch- und Herunterschieben justieren lässt, ist bis heute bei Radprofis am beliebtesten, da sich so die exakte Sitzhöhe leicht einstellen lässt.

Die größten Unterschiede zeigen sich also im Material. Während heute Carbon bei vielen Komponenten die erste Wahl ist, fuhr das ganze Peloton in den 1950er-Jahren noch auf Stahlrahmen. Diese wurden von absoluten Könnern ihres Fachs verschweißt, die ihre Fähigkeiten in Form von handgearbeiteten Muffen und speziellen Lackierungen unter Beweis stellten. Andere Teile, von Laufrädern über Lenker und Vorbau, wurden aus Aluminium gefertigt, was damals geradezu exotisch anmutete. Die Laufräder waren leichter und widerstandsfähiger als vorher, aber immer noch relativ fragil und mit 36 Speichen nicht gerade aerodynamisch. Ein Tour-Mechaniker könnte dennoch sofort mit den Felgen und den Schlauchreifen arbeiten. Deren Montage hat in 70 Jahren Radsport buchstäblich keine technische Veränderung erfahren. Sie mussten auch damals mit dem gleichen aufwendigen Prozedere vorbereitet und verklebt werden.

TOUR-SIEGER IN DEN 1950ER-JAHREN

1950 Ferdinand Kübler (Schweiz)
1951 Hugo Koblet (Schweiz)
1952 Fausto Coppi (Italien)
1953 Louison Bobet (Frankreich)
1954 Louison Bobet (Frankreich)
1955 Louison Bobet (Frankreich)
1956 Roger Walkowiak (Frankreich)
1957 Jacques Anquetil (Frankreich)
1958 Charly Gaul (Luxemburg)
1959 Federico Bahamontes (Spanien)

▲ **Flaschenhalter aus Aluminium an einem Bianchi (1950).**

DIE 1960ER-JAHRE

▲ Traditionelle Sattelklemme innerhalb der Sattelmuffe.

Die Rennräder entwickelten sich in dieser Dekade nur langsam, es kam eher zu Verbesserungen an Material und Verarbeitung als zu radikalen technischen Neuerungen. Das Rennrad wurde immer noch von Hand gefertigt, der Rahmen bestand aus Stahl mit Seilzugschaltung und -bremsen.

Dank besserem Straßenbelag und Stahl gingen die Rahmenbauer dazu über, Rennräder mit kürzerem Radstand zu entwerfen. Sie waren im Handling deutlich angenehmer zu fahren als die alten Stahlesel, bei denen das Augenmerk auf Komfort lag. Der Sitzrohrwinkel war nicht mehr so steil, sodass das Hinterrad mehr in die Triangel aus Sitzrohr sowie Ketten- und Sitzstreben rückte. Die Sitzposition war »senkrechter« über den Pedalen. Die Gabelvorbiegung wurde abgeschwächt, man ging also weg von den federnden, bei Lenkbewegungen schwergängigen Gabeln. Das hatte einen entscheidenden Vorteil: Als die Geschwindigkeiten bei den Profis stetig anzogen, mussten die Fahrer schneller auf ein quirliges Peloton reagieren und sich noch halsbrecherischer die Abfahrt hinunterstürzen.

Zu den auffälligsten Veränderungen, die auch deutlich sichtbar waren, gehört die Einführung der Mittelzugbremse. Diese gab es zwar schon seit einigen Jahren, aber erst im Verlauf der 1960er-Jahre wurde sie von vielen Mannschaften angenommen. Die symmetrisch angeordneten Cantileverbremsen konnten besser auf die Felge ausgerichtet werden und boten gegenüber den Seitenzugbremsen mehr Kraft bei besser vorhersagbaren Bremseigenschaften.

Die französischen und italienischen Hersteller Mafac und Universal beherrschten den Markt. Die Einführung der weichen Bremsgriffgummis bedeutete ein großes Plus an Komfort, die Fahrer konnten den Lenker jetzt bequem oben am Bremsgriff greifen. Die Mittelzugbremsen blieben bis zum Ende des Jahrzehnts vorherrschend, bis Campagnolo mit seiner Record auf den Markt kam. Diese qualitativ hochwertige, leichtgewichtige Seitenzugbremse sollte auf Jahrzehnte wieder eine dominierende Stellung einnehmen.

Campagnolo war auch der erste Hersteller, der das Konzept einer Schaltgruppe entwickelte: die Verbindung des reinen Antriebsstrangs mit weiteren notwendigen Komponenten zu einer Antriebseinheit, die, auf dem nackten Rahmen verschraubt, ein komplettes Rennrad ergab. Während der 1950er-Jahre und nach der Einführung der Gran-Sport-Schaltung, fügte »Campa« seinem Sortiment Pedale, Sattelstütze, einen Steuerlager-Bausatz sowie eine Kurbelgarnitur hinzu. 1962 wurde noch einmal die Schaltqualität verbessert, sodass 1963 von 130 Fahrern im Tour-Peloton immerhin 110 Fahrer mit einer Record-Schaltgruppe unterwegs waren. Aber selbst diese Mehrheit musste sich an der Hinterradnabe immer noch mit fünf Ritzeln begnügen.

Aluminium bzw. Aluminiumlegierung ersetzten den Werkstoff Stahl größtenteils. Besonders die traditionell aus Stahl gefertigte Kurbelgarnitur mit Kurbeln, die mit einem überstehenden Kurbelkeil gesichert waren, wurde von einer wesentlich schmuckeren Aluminiumversion abgelöst. Sie wurde an einer Vierkantachse mit Kettenblättern aus Aluminium befestigt.

Lenker und Vorbau aus Aluminium bedeuteten eine weitere Gewichtsreduktion, sodass die Gestaltungsmöglichkeiten bei Rohrform und Vorbaulänge zunahmen. Obwohl Aluminium bei diesen Komponenten seit den 1930er-Jahren bekannt war, konnte sie erst der italienische Hersteller Cinelli mit seinen leichten und eleganten Lenkern in den frühen 1960er-Jahren etablieren. Und das Peloton fand schnell Gefallen an ihnen. Zusammen mit dem legendären Cinelli-1A-Vorbau wirkte das gesamte Cockpit wesentlich aufgeräumter, und so sollte es auch überwiegend in den nächsten 20 Jahren bleiben. Dieser Vorbau unterschied sich gegenüber seinen Vorgängern in der edlen Verarbeitung. Die Oberfläche war seidenglatt, und die Inbusschraube für die Spreizklemmung war elegant in den Steuerrohrkopf eingefasst.

Die Laufradtechnologie machte ebenfalls Fortschritte. Mavic führte die Felge mit doppelgeösten Speichenlöchern ein, die leichtere und festere Aluminiumfelgen für Schlauchreifen ermöglichte. Eine Felge mit Doppelösen verteilt die Kraft besser, wenn die Speiche in die Felge gespannt wird. Im Ergebnis fällt der Aufbau der Felge gleichförmiger und damit leichter aus. Dieser Aufbau hat sich bis heute bei den Aluminiumlaufrädern gehalten, und Mavic ist bis heute der größte Ausstatter im Peloton.

TOUR-SIEGER AUS DEN 1960ER-JAHREN

1960 Gastone Nencini (Italien)
1961 Jacques Anquetil (Frankreich)
1962 Jacques Anquetil (Frankreich)
1963 Jacques Anquetil (Frankreich)
1964 Jacques Anquetil (Frankreich)
1965 Felice Gimondi (Italien)
1966 Lucien Aimar (Frankreich)
1967 Roger Pingeon (Frankreich)
1968 Jan Janssen (Niederlande)
1969 Eddy Merckx (Belgien)

▼ Immer noch ein Klassiker: das Bianchi aus den 1960er-Jahren.

DIE 1970ER-JAHRE

▲ Rennpedal mit Pedalhaken und Riemen.

▼ Ein Bianchi-Modell aus den 1970er-Jahren.

War dies das Goldene Zeitalter für handgefertigte Stahl- und Aluminiumkomponenten? So könnte man annehmen, unterschieden sich doch die Renner in den 1970er-Jahren kaum von ihren Vorgängern der letzten 20 Jahre. Deshalb konzentrierten sich Rahmen- und Komponentenhersteller auf Details und Verzierungen jener Teile, die bisher kaum Verbesserungspotenzial hatten. Das ganze Jahrzehnt über lag der Fokus darauf, das Rad leichter zu machen, erst gegen Ende der Dekade gewann die Aerodynamik auf die Gestaltung von Rahmen und Komponenten an Einfluss.

Der technische Fortschritt hielt sich in Grenzen. Statt zehn gab es nun zwölf Gänge (oder zehn ohne »Über-Kreuz«-Gänge), indem man ein zusätzliches Ritzel an der Freilaufnabe verbaute. Sättel mit gegossenem Plastikfundament ersetzten die reinen Lederversionen und waren leichter sowie wasserfest. Manche besaßen noch eine dünne Lederpolsterung, andere bestanden nur noch aus Plastik. Titanium hielt ebenfalls Einzug, bei sehr leichten Schrauben ebenso wie bei Rahmen. Erstmals fuhr Luis Ocaña auf einem Titanrahmen zu seinem Tour-Sieg 1973.

Dank neuer Rohrsätze aus der britischen Schmiede Reynolds sowie der italienischen Firma Columbus verloren die Rahmen an Gewicht. Die Herstellung erfolgte meist nach wie vor auf traditionelle Weise: Die Rohre wurden entweder mit Messing oder Silber mit Muffen verlötet. Das Reynolds-753-Rohr – eine hitzegehärtete Version des berühmten 531-Rohrs – kam 1970 auf den Markt. Die Raleigh-Mannschaft verwendete es erstmals 1976, die meisten anderen Teams zogen bald nach. Das Reynolds 531 gab es bereits seit 1935 und bildete

viele Jahre den Grundstock für hoch qualitative Rahmensets. Das Gesamtgewicht eines Rennrads betrug immer noch rund neun Kilogramm. Selbst kleine Gewichtsreduktionen um ein paar Hundert Gramm strapazierten das Material sowie die Ingenieurskunst der Rahmen- und Radhersteller. Versuche, ultraleichte Maschinen zu bauen, resultierten zwar in signifikanten Gewichtsreduktionen, aber die Räder waren instabil und völlig ungeeignet für eine dreiwöchige Rundfahrt wie die Tour.

Um weiter an Gewicht zu sparen, entschieden sich die Rahmenbauer für dekorative, aber leichte Muffen, die in die Rahmen gefräst wurden, sowie für Aussparungen im Tretlager. In die Ausfallenden wurden kleine Löcher gebohrt, und Gabelkopf sowie Tretlagergehäuse wurden aus einem leichteren Material gegossen. Komponenten aus einer Aluminiumlegierung wiesen ebenfalls Bohrungen auf oder hatten Aussparungen, die ausgesägt oder abgefeilt wurden. Ähnlich wurde mit Kurbelgarnituren, Kettenblättern und Sattelstützen verfahren. Mit entsprechender Lackierung und auf Hochglanz poliert, sahen die Räder grandios aus.

Italien war immer noch der führende Komponentenhersteller, vor allem dank der Nuovo Record von Campagnolo. Aber daneben herrschte eine gesunde Konkurrenz, bestehend aus französischen Firmen wie Simplex, Stronglight, Mafac, Lyotard und Mavic. Die französischen Clement-Schlauchreifen wurden in den 1970er-Jahren größtenteils bei der Tour aufgezogen. In diesem Jahrzehnt betraten erstmals auch japanische Komponentenhersteller die Bühne des Profizirkus, deren Absatzzahlen sich dank des Fahrradbooms in den USA rasant entwickelten. Shimano war der Wegbereiter und rüstete erstmals 1973 ein Team bei der Tour aus. Die belgische Equipe Flandria vertraute der brandneuen Dura-Ace-Schaltgruppe und konnte eine Etappe gewinnen. Daraus entstand eine fruchtbare Kooperation zwischen dem Profiradsport und der Tour, die Shimano bis heute eine Vormachstellung als Schaltgruppen-Ausrüster eingebracht hat.

Ende der 1970er-Jahre suchten die Designer nach neuen Wegen, um die Leistung eines Rennrads zu verbessern. Niemand geringerer als Bernard Hinault fuhr auf einem aerodynamisch optimierten Rad einige der Zeitfahretappen bei der Tour 1979. Er konnte alle vier Etappen im Kampf gegen die Uhr auf dem Weg zum zweiten von insgesamt fünf Tour-Siegen für sich entscheiden. Sein Gitane verfügte über ovale Rohre, während das Steuerrohr nach hinten tragflächenartig auslief. Die Bremsschläuche verliefen entlang des Lenkers unterhalb des Lenkerbands. Diese Innovationen brachten den Stein ins Rollen. Im folgenden Jahrzehnt wurde vor allem an Zeitfahrmaschinen weiter mit aerodynamischen Komponenten und Rahmen gefeilt.

TOUR-SIEGER AUS DEN 1970ER-JAHREN

1970 Eddy Merckx (Belgien)
1971 Eddy Merckx (Belgien)
1972 Eddy Merckx (Belgien)
1973 Luis Ocaña (Spanien)
1974 Eddy Merckx (Belgien)
1975 Bernard Thévenet (Frankreich)
1976 Lucien Van Impe (Belgien)
1977 Bernard Thévenet (Frankreich)
1978 Bernard Hinault (Frankreich)
1979 Bernard Hinault (Frankreich)

▲ Die legendäre Seitenzugbremse von Campagnolo.

DIE 1980ER-JAHRE

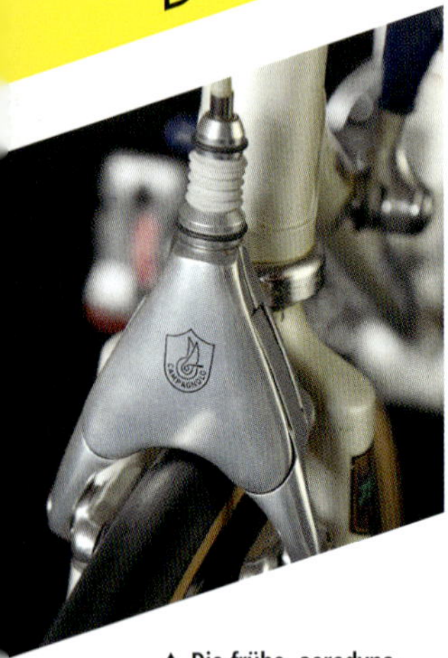

▲ Die frühe, aerodynamisch optimierte Caliperbremse von Campagnolo.

Das konservative Radsportmilieu trat Neuerungen immer sehr skeptisch gegenüber, aber das änderte sich im Verlauf der Achtziger. Immer noch war Stahl das vorherrschende Rahmenmaterial, doch Aluminium mauserte sich zu einem ernsthaften Rivalen, bevor Carbon am Ende des Jahrzehnts sein Debüt bei der Tour gab. In den 1980er-Jahren wurde auch das Ende der klassischen Pedale mit Pedalkäfig oder -klemme sowie Riemen eingeleitet: Ein Klicksystem, das so ähnlich im Skisport verwendet wurde, löste das alte System ab. Man erkannte, dass die Aerodynamik, die das Design der Rennräder seit Ende der 1970er-Jahre beeinflusst hatte, im Kampf gegen die Uhr entscheidend war.

Die Rennräder bei den Straßenetappen bestanden hauptsächlich immer noch aus Stahlrahmen, deren Qualität zunehmend besser ausfiel. Aber in Aussehen und Performance glichen sie immer noch stark den Rennrädern der 1970er-Jahre. In jenem Jahrzehnt verbauten erstmals der italienische Hersteller ALAN und Vitus aus Frankreich Aluminiumrohre. In den 1980er-Jahren fuhren einige Teams auf einem Vitus-Duralinox-Rahmen. Mit polierten Muffen, mit denen die Rohre gehalten wurden, waren die Rahmen kaum leichter als Stahl. Aber sie waren sehr steif und sahen moderner aus als die herkömmlichen Stahlmodelle.

Mit dieser Verbundmethode gelang es Rahmenbauern zum ersten Mal, ganz rudimentäre Carbon-Rohre für den Radsport zu verbauen. 1986 stellte die französische Schmiede Look einen Rahmen aus einem Carbon-Kevlar-Gemisch her, auf dem der Amerikaner Greg LeMond im gleichen Jahr zum Tour-Sieg fuhr. Stahl genoss aber immer noch große Popularität unter den Fahrern im Feld, und es sollten weitere zehn Jahre ins Land ziehen, bevor Carbon-Faser alle anderen Materialien im Rahmenbau für den Profiradsport verdrängt hatte.

1985 gewann der Franzose Bernard Hinault seine fünfte und letzte Tour mit einem revolutionären weißen Pedal von Look. Dieses war im Vorjahr auf den Markt gekommen und basierte auf einer Skibindungtechnologie mit einem Federspann-Verschlusssystem. Ein Pedal ohne Pedalklemme und Riemen, an das der Schuh geklemmt wurde, hatte man auch schon zuvor getestet. Doch das Look-System war das erste, bei dem der Fahrer den Schuh nicht von Hand ein- und ausklinken musste. Er drückte lediglich eine Schuhplatte aus Plastik auf das Pedal, um den Schuh unter einer Konterplatte, die unter Federspannung stand, einzurasten. Um das Bein freizubekommen, drehte er die Ferse zur Seite und klinkte den Schuh aus. Look nahm das Peloton im Sturm für sich ein, und rivalisierende »clipless«-Systeme wie Time und später Speedplay sowie Shimano mit ihren veralteten Pedalklemmen und Riemen waren bereits 1990 überholt.

Die Aerodynamik gewann immer mehr an Bedeutung. Die Tour-Fahrer ließen sich von den Entwicklungen im Bahnradsport beeinflussen: Niedrige Rahmen mit abgesägten Lenkerenden, die so montiert wurden, dass die Griffe nach oben vorn abstanden, sowie Scheibenräder hinten kamen auf. Die niedrigen Rahmen reduzierten den Frontalwiderstand, wenn auch nur minimal, die

Sitzposition glich weitestgehend der Fahrt mit Griff am Unterlenker. Eine Scheibe am Hinterrad sorgte im Vergleich zum herkömmlichen Speichenrad für weniger Luftverwirbelungen. Diese Verbesserungen wurden jedoch nur an Zeitfahrrädern vorgenommen. Es sollte weitere 30 Jahre dauern, bevor der Aerodynamik bei der Tour auch an den Straßenrädern mehr Gewicht beigemessen wurde. In den 1980er-Jahren hingegen war die einzige Maßnahme in puncto geringerer Luftwiderstand, die Bremszüge möglichst zu verbergen.

Der in technischer Hinsicht ohne Frage prägendste Schockmoment bei der Tour de France ereignete sich 1989: Greg LeMond entriss mit Triathlon-Aufsatz und Aero-Helm Laurent Fignon beim abschließenden Zeitfahren auf den Champs-Élysées mit schier unfassbaren acht Sekunden den sicher geglaubten Tour-Sieg. In diesem Moment erkannte man, wie viel Potenzial in Veränderungen schlummerte. Am Ende des Jahrzehnts blickte der Radsport voller Zuversicht in eine Zukunft, die viele Innovationen und Neuerungen versprach.

TOUR-SIEGER IN DEN ACHTZIGERN

1980 Joop Zoetemelk (Niederlande)
1981 Bernard Hinault (Frankreich)
1982 Bernard Hinault (Frankreich)
1983 Laurent Fignon (Frankreich)
1984 Laurent Fignon (Frankreich)
1985 Bernard Hinault (Frankreich)
1986 Greg LeMond (USA)
1987 Stephen Roche (Irland)
1988 Pedro Delgado (Spanien)
1989 Greg LeMond (USA)

▲ Ein Aufkleber der britischen Rohrschmiede Reynolds.

▼ Ein Raleigh aus den 1980er-Jahren.

Ein veraltetes Werkzeugsortiment der Firma Campagnolo ist immer noch schön anzusehen.

KAPITEL 18

DIE WARTUNG DER KLASSIKER

Eine moderne Rennmaschine hat nicht mehr viel gemein mit den Rädern aus dem vorigen Jahrhundert. Von den späten 1980er-Jahren bis zum heutigen Tag entwickelten sich die Top-Räder derart rasant, wie es zuvor noch nie der Fall war. Wenn Sie das Glück haben, einen klassischen Renner von damals Ihr Eigen zu nennen, sollten Sie seine Wartung und die richtige Einstellung von Schlüsselkomponenten beherrschen. Nur so haben Sie die Gewissheit, dass Ihr Rad wie vorgesehen funktioniert.

ANTRIEBSSTRANG WARTEN

▲ **Inspektion bei einer Eroica, dem historischen Radrennen in der Toskana.**

Von den 1950er- bis in die 1980er-Jahre änderte sich nur wenig an den Komponenten des Antriebsstrangs. Sie sind den Fahrern heutiger Rennräder immer noch vertraut. Die Kraftübertragung auf das Hinterrad funktioniert wie früher über einen Satz unterschiedlich großer Ritzel auf einer Freilaufnabe am Hinterrad. Dieses wird von einer Kurbelgarnitur angetrieben, die auf einem Tretlager sitzt. Unterschiedliche Gänge lassen sich von Hand mit einem zugbetriebenen Schaltwerk anwählen. Der größte Unterschied zu einem Klassiker besteht in der Ritzelanzahl auf der Kassette und im Betätigen des Gangwechsels.

1990 brachte Shimano das STI-System (System Total Integration) auf den Markt, bei dem erstmals Brems- und Schalthebel in einem kombiniert waren. Campagnolo zog in den 1990er-Jahren nach – und die Schalthebel am Unterrohr verschwanden.

Die indizierte Gangschaltung, für die kein Fingerspitzengefühl beim Schaltvorgang mehr nötig war, wurde 1984 eingeführt. Man schaltete mit einem Hebel, der nach jedem Betätigen wieder in die ursprüngliche Position einrastete. Aber erst die RapidFire-Technologie aus dem MTB-Bereich sorgte wirklich für eine Revolution. Da der Vorteil quasi buchstäblich auf der Hand liegt, wenn man mit beiden Händen am Lenker schalten kann, übernahmen die Profiteams bald das neue System.

Ein anderer Aspekt, der ins Auge sticht, ist die Anzahl der Ritzel am Hinterrad. An Rennrädern aus den Jahren 1950 bis 1970 sind fünf oder sechs Ritzel verbaut. In den 1980ern wurden Freilaufnaben mit sieben Ritzeln eingeführt. Obwohl Achtfachkassetten Anfang der 1990er erhältlich waren, belasteten die zusätzlichen Ritzel bzw. ihre Ausdehnung die Achse zu stark, sodass der traditionelle Freilauf ausgedient hatte und durch die Kassettennabe ersetzt wurde.

Geht man davon aus, dass die Antriebskomponenten sauber und in einsatzbereitem Zustand sind, kann man viele Wartungsarbeiten und Einstellungen vornehmen – so lässt sich der Renner noch geschmeidiger fahren. An einem ursprünglichen Antriebsstrang gibt es keine Elemente, bei denen eine wie auch immer geartete Automatik zum Einsatz kommt. Sind die Gänge sowie oberer und unterer Anschlag einmal richtig eingestellt, fällt die Feinjustierung, wie an modernen Schaltwerken nötig, einfach weg. Bei einer Hebelschaltung am Rahmen liegt der Schlüssel zu einer perfekt laufenden Kette darin, die Komponenten sauber zu halten, ausreichend zu fetten und vor Verschleiß zu bewahren.

TOUR-TIPP

Es lässt sich viel Zeit und Geld sparen, wenn man mit einem Klassiker beginnt, dessen Grundzustand ausbaufähig ist und der für eine Eroica-Teilnahme höchstens eine Runduminspektion benötigt.

▶ **Ältere Komponenten erfordern kein umfangreiches Spezialwissen.**

SCHRITT FÜR SCHRITT

▲ In Reih und Glied aufgestellt, warten die Räder auf den Start bei der Eroica.

1 Bevor Sie größere Einstellungen am Schaltwerk vornehmen, sollten Sie die Ausrichtung der Schaltung am Schaltauge prüfen. Lösen Sie das Schaltwerk mit einem Inbus, indem Sie die eingefasste Schraube herausdrehen, die das Schaltwerk mit dem Schaltauge verbindet. Schrauben Sie nun vorsichtig das Richtwerkzeug ein und messen Sie an mehreren Stellen des Laufrads den Abstand von der Felge zum Griff des Richtwerkzeugs. Kontrollieren Sie noch einmal, ob das Rad gerade ausgerichtet ist. Bei mehr als drei Millimeter Unterschied kann es nötig sein, das Schaltauge mittels eines Richtwerkzeugs vorsichtig zurechtzubiegen.

2 Stellen Sie nun den oberen Anschlag am Schaltwerk ein. Mit der Kette auf dem kleinsten Ritzel schalten Sie vorsichtig Gang für Gang bis auf das größte Ritzel – die Kette sollte glatt und geräuscharm laufen. Stellen Sie sich hinter das Schaltwerk und prüfen Sie, ob sich Ritzel und beide Schaltröllchen auf einer Linie befinden. Mit einem Schraubenzieher können Sie den oberen Anschlag justieren. Drehen Sie das Schräubchen vorsichtig ein, bis sich das Schaltwerk gerade so von den Speichen wegbewegt. Drehen Sie sie wieder auf die ursprüngliche Position zurück und ziehen Sie den Ganghebel zurück, um sicherzugehen, dass das Schaltwerk immer noch einige Millimeter von den Speichen entfernt ist.

3 Stellen Sie nun den Anschlag am vorderen Umwerfer ein. Wie beim Schaltwerk hinten gibt es zwei Schrauben, mit denen sich das Spiel bestimmen lässt und die verhindern sollen, dass die Kette vom großen oder kleinen Kettenblatt abspringt. Schalten Sie auf den größten Gang – großes Kettenblatt vorn, kleinstes Ritzel hinten – und kontrollieren Sie nach Augenmaß, ob die Kette nicht am vorderen Schaltkäfig entlangschleift. Die Schrauben sollten so eingestellt sein, dass das Innere des Schaltkäfigs über dem kleinen Blatt sitzt und das Äußere über dem großen Blatt.

4 Die Schalthebel am Unterrohr können mit einem D-Ring durch den Schraubenkopf oder mittels Schraubenzieher angezogen werden. Der Hebel steht dank der Federn in Umwerfer und Schaltwerk permanent unter Spannung. Er sollte frei von Öl oder Fett bleiben und so angezogen werden, dass er sich angenehm umlegen lässt, aber immer noch so stark, dass er der Zugkraft des Schaltmechanismus standhält.

5 Prüfen Sie die Ausrichtung des Umwerfers, indem Sie die Klemmschraube lösen, mit der der Schaltzug mit dem Umwerfer verbunden ist. Lösen Sie die Schraube, die den Umwerfer mit der verlöteten Halterung verbindet. Ist der Umwerfer mit einer Schelle am Sitzrohr befestigt, lösen Sie die Schraube an der Klemme so weit, dass sich der Umwerfer bewegen lässt, ohne abzurutschen. Positionieren Sie die untere Kante der äußeren Käfigplatte ein bis drei Millimeter über dem Zahnrad des großen Kettenblatts. Richten Sie den Käfig so aus, dass er mit seinem Bogen parallel zur Kette verläuft.

1

2

3

4

5
COLNAGO
ERNESTO

6 Prüfen Sie die Klemmschrauben an Umwerfer und Schaltwerk. Legen Sie beide Schalthebel bis zum Anschlag nach vorn und kontrollieren Sie, ob die Züge irgendwo schlackern – sie sollten so stramm sitzen, dass sie sich selbst bei der kleinsten Schalthebelbewegung bewegen. Um die Züge stramm zu ziehen, lösen Sie die Klemmschraube, greifen mit einer Telefonzange den Zug, ziehen ihn und sodann die Schraube wieder an. An alten Schaltwerken gibt es keine Möglichkeit der Feinjustierung, dies ist der einzige Weg, um Spannung auf den Zug zu bekommen.

7 Prüfen Sie die Länge der Kette. Die Kette sollte die exakte Länge aufweisen und weder zu kurz noch zu lang sein, was beides zu ineffizienter Kraftübertragung und Verschleiß beitragen würde. Schalten sie deshalb vorn aufs große Kettenblatt und hinten auf das zweitgrößte Ritzel. Der Schaltwerksarm sollte fast ganz, aber nicht vollständig ausgefahren sein, mit der Spannrolle leicht vor der Leitrolle.

8 Um zu prüfen, ob die Kette nicht zu lang ist, schalten Sie auf das kleine Kettenblatt und das zweitkleinste Ritzel. Der Schaltwerksarm wird unter dem Schaltwerkskörper eingeklappt sein, aber ohne die Ritzel zu berühren. Außerdem sollte die Kette sauber und leise über die Schaltröllchen laufen. Das Schaltwerk sollte gerade genug Federweg haben, um die Spannung im unteren Antriebstrumm aufrechtzuerhalten.

9 Prüfen Sie die Kettenblätter und die Ritzel. Wenn die Zahnräder und Zwischenräume abgenutzt sind, sind die Zacken oben nicht mehr abgeflacht, sondern sie laufen spitz zu, während in den Zwischenräumen der gleichförmige Halbkreis eher eine unregelmäßige Wellenform annimmt. Bei einer Kassette ist meist das mittlere Ritzel am stärksten vom Verschleiß betroffen.

10 Prüfen Sie unter dem Tretlager den Zustand der Züge und der Zugführung. An Tretlagergehäusen aus Stahl sind die Züge Wasser und Schmutz vom Vorderrad ausgesetzt. Um ihre Lebensdauer zu verlängern und die reibungslose Funktion zu gewährleisten, können Sie kurze Stücke Kabelhülle über die Züge schieben. Dank der Zugspannung sollten sie nicht verrutschen. Falls diese doch nicht ausreicht, tragen Sie noch etwas Sekundenkleber auf die Zugführung unter dem Tretlagergehäuse auf.

TOUR-TIPP

Wenn Ritzel und Kettenblätter in gutem Zustand sind, kann eine neue Kette montiert werden. Stellen Sie aber sicher, dass sie die richtige Größe für die Anzahl der Ritzel am Hinterrad hat.

6

7

8

9

10

BESONDERHEITEN

Ein Stahlrenner aus der Zeit vor 1990 unterscheidet sich von einem modernen Rennrad aus Carbon. Die hinteren Ausfallenden verlaufen nicht vertikal, sondern gleichen einem lang gezogenen C, in das das Laufrad eingesetzt wird. Bei einem vertikalen Ausfallende kann man nicht nachjustieren, das Laufrad wird eingesetzt und mittels Schnellspanner fixiert. Bei Stahlrahmen hingegen ließ sich das Hinterrad verschieben. So konnte man manuell einstellen, dass das Hinterrad exakt ausgerichtet ist, selbst wenn der gesamte hintere Aufbau des Rennrads leicht verzogen war. Es gab kurze und lange Ausfallenden, bei beiden war das Schaltauge in den Rahmen integriert.

▲ **Ein Lenker aus Aluminium sollte gerade ausgerichtet und unbeschädigt sein.**

▼ **In einem traditionellen Ausfallende lässt sich das Hinterrad leicht vor- und zurückschieben.**

Bei einem Klassiker kann man also nicht einfach das Schaltauge austauschen. Daher gilt es aufzupassen, dass es sich nicht zu stark verbiegt. Ansonsten muss der Rahmen zum Rahmenbauer, der ein neues Schaltauge verschweißt und die Stelle neu lackiert. Ausfallendschrauben – sofern vorhanden – erleichtern die Arretierung des Hinterrads, sobald es richtig eingestellt ist. All diese Komponenten sollten wie auch der Schnellspanner sorgfältig auf Roststellen geprüft und gut gefettet werden.

Die Lenker sind normalerweise aus Aluminium und sollten auf Anzeichen für Bruchstellen oder Unfallschäden sowie Verbiegungen kontrolliert werden. Falls Sie Zweifel haben, tauschen Sie den Lenker gegen eine moderne Retroversion oder einen neuen aus Altbestand aus. Anatomisch geformte Lenker oder Lenker mit kürzerem Untergriff existierten damals noch nicht, weshalb die Griffweite für den Unterlenker an den meisten Rädern größer ausfällt. Sie sollten außerdem zunächst die Bremsgriffe wunschgemäß positionieren, bevor Sie neue Züge einsetzen, denn es ist wichtig, dass sie nicht zu lang oder zu kurz ausfallen.

Das Einstellen der Caliperbremsen ist nicht mehr vergleichbar mit dem Justieren moderner Seitenzugbremsen. Wie bei allen Zugsystemen bestimmt der Zustand der Züge, wie gut die Bremsen funktionieren. An einer alten Maschine lohnt es sich schon, die alten – nicht geführten – Züge gegen neuere mit Außenhülle zu tauschen, die viel besser laufen und bei denen die Schmierung entfällt.

Noch fremdartiger mögen die Pedalsysteme wirken – Pedalklemmen oder -käfige und Riemen sind bei vielen Eroica-Veranstaltungen vorgeschrieben. Die Originalteile sind oftmals in einem erbärmlichen Zustand, daher sollten Sie einen Austausch mit nachgebauten Komponenten ernsthaft in Erwägung ziehen.

KUGELLAGER WARTEN

Die heutigen gewindelosen Aheadset-Steuersätze an modernen Rennrädern unterscheiden sich erheblich von den Gewindesteuersätzen der Vergangenheit. Ein Gewindesteuersatz bedarf spezieller Schlüssel zum korrekten Einstellen – moderne Steuersätze sind viel besser darin, in Position zu verharren und die auf sie wirkenden Kräfte zu absorbieren. Man muss sich allerdings entscheiden: Wie lang soll das Steuerrohr und eine Reihe von Spacern unter und über dem Vorbau sein, um die Höhe des Lenkers zu bestimmen? Ein Steuerrohr mit Gewinde ist vom Vorbau separiert, der innerhalb des Steuerrohrs sitzt. Er lässt sich leicht in der Höhe verstellen und mit einem Inbusschlüssel anziehen.

Traditionelle Tretlager – Lager und Achse, auf denen sich der Kurbelsatz dreht – ähneln kaum noch den modernen, übergroßen Tretlagern mit abgedichteten Lagern, die oftmals außerhalb des Tretlagergehäuses sitzen. Wie die Kurbelarme mit der Achse verbunden sind, unterscheidet sich ebenso, denn die veralteten Achsen verfügen über eine Vierkantachse, auf die die Kurbel geschraubt wird. Die Lager sind frei und nicht abgedichtet, sie müssen daher ordentlich eingefettet sowie regelmäßig geprüft und justiert werden, falls die Achse Spiel hat. Steuersätze und Tretlager benötigen mehr Pflege und Wartung als ihre modernen Nachfolger. Doch wenn Sie qualitativ hochwertige Komponenten verwenden, die in gutem Zustand und ausreichend gefettet sind, gibt es keinen Grund, warum sie nicht mit regelmäßiger Wartung eine lange Zeit halten sollten.

Konuslager finden auch an modernen Laufrädern nach wie vor Verwendung. Selbst an alten Felgen können sie immer noch sauber und verlässlich laufen. Nochmals: Wenn der Zustand der Nabe gut ist, diese gut gefettet und korrekt justiert ist, dann kann damit mindestens noch ein Jahr gefahren werden, bevor man die Lager auf Spiel kontrollieren sollte. Zum Einstellen der Konuslager benötigen Sie zwei Konusschlüssel, mit denen sich auch die Caliperbremsen justieren lassen.

Festzustellen, ob ein Konuslager Spiel hat, ist knifflig, daher sollte man das Rad fest einspannen. Die Lager sind sehr klein. Es braucht vielleicht einige Anläufe, bis Sie die Mutter und den Konus mit beiden Schlüsseln richtig ausbalanciert und eingestellt haben, sodass an der Achse kein Spiel mehr auszumachen ist.

▼ Draufsicht auf einen alten Steuersatz.

SCHRITT FÜR SCHRITT

1 Prüfen Sie den Steuersatz regelmäßig. Halten Sie den Lenker am Untergriff, ziehen Sie die Vorderbremse an und ruckeln Sie mit dem Lenker leicht vor und zurück. Leise Klackergeräusche und Spiel im Steuersatz weisen darauf hin, dass der Steuersatz nicht mehr fest sitzt. Um zu prüfen, ob das Lager verrostet ist, heben Sie das Vorderrad vom Boden an und drehen mit einer Hand langsam den Lenker. Wenn es sich hakelig anfühlt, sollten Sie das Lager warten oder ersetzen.

2 Mutter und obere Lagerschale können nur mit speziellen Werkzeugen eingestellt werden, die eng überlappend am Steuersatz zum Einsatz zu kommen. Daher müssen sie sehr dünn sein und lang genug, sodass das Drehmoment ausreicht, um sie so fest anzuziehen, dass sich der Steuersatz nicht lösen kann. Campagnolo-Schlüssel eignen sich auch für andere Steuersatzkomponenten und lassen sich gleich doppelt verwenden: mit dem 32-Millimeter-Maulschlüssel für den Steuersatz auf der einen und dem C-förmigen Hakenschlüssel mit innen liegenden Zähnen für das Tretlager auf der anderen Seite.

3 Der Gewindesteuersatz ist leicht einzustellen. Er besteht aus der oberen Lagerschale und der Kontermutter. Beide werden auf das Gewinde des Gabelschafts geschraubt, der innerhalb des Steuerrohrs sitzt. Sowohl die obere Lagerschale als auch die Kontermutter fallen entsprechend flach aus, damit der Vorbau möglichst niedrig verbaut werden kann. Man kann leicht abrutschen, also setzen Sie die Werkzeuge vorsichtig an.

4 Um den Steuersatz zu justieren, müssen Sie die Kontermutter lösen, die zuoberst aufliegt. Drehen Sie sie ein wenig heraus. Mit dem Schlüssel auf der Lagerschale machen Sie eine Sechstelumdrehung, nicht weiter, und rütteln das Rad vor und zurück, um zu sehen, ob es Klackergeräusche oder Spiel im Steuersatz gibt. Fahren Sie damit fort, ziehen Sie die obere Lagerschale immer ein wenig fester an und rütteln Sie am Rad. Ist kein Spiel mehr da, heben Sie das Vorderrad an und kontrollieren, ob die Schale nicht zu eng aufsitzt. Der Lenker sollte sich leichtgängig drehen und von einer Seite zur anderen umschlagen, wenn Sie ihn loslassen. Mit der einen Hand sichern Sie die obere Lagerschale, mit der anderen ziehen Sie die Kontermutter an; die Werkzeuge formen dabei ein »A«. Prüfen Sie noch einmal die Einstellung, vielleicht sind mehrere Versuche nötig.

5 Prüfen Sie das Tretlager. Nehmen Sie die Kette ab und legen Sie sie auf das Tretlagergehäuse, wo sie nicht mit den Kettenblättern in Berührung kommt. Greifen Sie die Kurbeln mit beiden Händen und rütteln Sie sie abwechselnd, als wollten Sie das Rad um die eigene Achse drehen. Achten Sie auf klackernde Geräusche oder Spiel. Beides sollte nicht der Fall sein, denn selbst ganz wenig Spiel deutet darauf hin, dass die Lager nicht richtig eingestellt sind. Drehen Sie dann die Pedale ganz normal und erspüren Sie, ob sie holprig laufen.

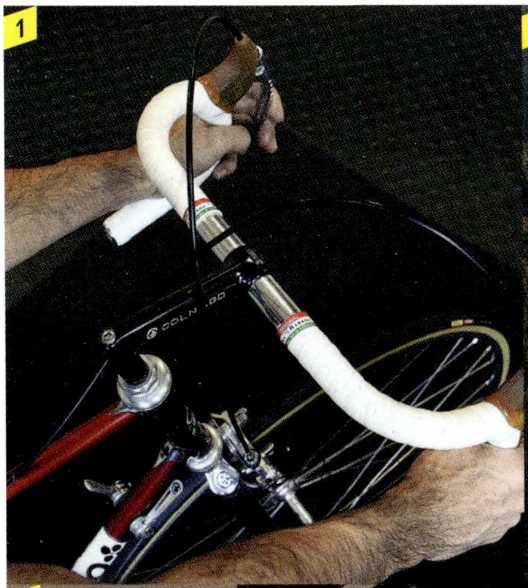
1

2
CAMPAGNOLO
CAMPAGNOLO

3

4
COLNAGO

5

6 Lösen Sie die Schrauben und Unterlegscheiben an den Kurbeln. Ein normaler Schlüssel passt hier nicht, Sie benötigen einen speziellen sternförmigen Schlüssel, der in das Hohlgewinde der Kurbel gesteckt wird. Wenn er steckt, entfernen Sie zunächst die Schmutzkappe, die auf dem Hohlgewinde sitzt. Sie hat meist zwei kleine Ösen, die Sie mit einer Seegeringzange herausziehen. Nun liegt die Kurbelschraube frei. Setzen Sie den Kurbelabzieher sanft an und lösen Sie die Schraube, vergessen Sie die Unterlegscheibe nicht. Sie sollte nicht zu stark angezogen sein, das könnte auf ziemlich starken Verschleiß an der Vierkantaussparung im Tretlager hindeuten.

7 Setzen Sie den Kurbelabzieher ab und drehen Sie die Schraube bis fast ans Ende des Gewindes heraus. Achten Sie darauf, dass das Gewinde der Kurbel sauber ist, mit einem Tropfen Öl lässt sich der Schlüssel besser ansetzen. Verkanten Sie nicht. Schrauben Sie den Kurbelabzieher vollständig ein, bis es nicht mehr weitergeht. Drehen Sie dann die Kurbelschraube wieder von Hand ein, bis sie die Tretlagerachse berührt, und ziehen Sie sie fest. Es wird sich schwergängig anfühlen, aber drehen Sie weiter, bis die Kurbel sich selbst vom Kegel der Tretlagerachse löst. Nach einer weiteren halben Drehung haben Sie die Kurbel von der Achse gelöst.

8 Um das Tretlager zu justieren, sollte die rechte Kurbel sowie der Antriebsstrang montiert bleiben, damit sich die vorgenommenen Änderungen kontrollieren lassen. Auf der linken Seite lösen Sie mit der gegenüberliegenden Seite des Steuersatzschlüssels den gezahnten Verschlussring. Nicht abziehen, ein oder zwei Gewindedrehungen reichen. Mit dem Hakenschlüssel ziehen Sie die Lagerschale eine Achteldrehung an. Mit der Kurbel auf der anderen Seite können Sie auf eventuelles Spiel prüfen; ziehen Sie die Lagerschale aber nicht zu fest an. Halten Sie die Lagerschale mit dem Hakenschlüssel in Position und ziehen Sie den Verschlussring an. Achten Sie darauf, dass der Hakenschlüssel auf allen Zähnen des Rings aufsitzt.

9 Zur Prüfung der Laufradlager demontieren Sie die Felge und nehmen den Schnellspanner heraus. Achten Sie darauf, dass die kleinen Federn nicht verloren gehen. Sie müssen immer mit dem breiten Ende nach außen aufgesteckt werden.

10 Idealerweise spannen Sie die Felge ein, so können Sie am besten etwas Spiel erfühlen, wenn Sie die Felge hin und her rütteln. Für die Justierung brauchen Sie flache Konusschlüssel. Lösen Sie den Verschlussring mit einem Konusschlüssel und drehen Sie mit dem anderen Konusschlüssel die Lagerschale eine Achteldrehung, während Sie die Nabe auf Spiel prüfen. Ist kein Spiel mehr vorhanden, ist das Lager richtig eingestellt. Seien Sie aber vorsichtig, wenn Sie den Verschlussring wieder anziehen, weil Sie die Lager zusammendrücken könnten – das kann Ihnen auch mit einem zu fest angezogenen Schnellspanner passieren. Versuchen Sie, den Konus gegen den Verschlussring zu drehen, sobald Sie ihn angezogen haben.

6

7

8

9

10

ALLGEMEINE ARBEITEN

▲ Montage des Hinterrads an einem Klassiker.

1 An waagerecht verlaufenden Ausfallenden an der Hinterachse lässt sich das Laufrad vor- und zurückschieben, die Spanne sollte mindestens 20 Millimeter betragen. Sitzt das Laufrad am hinteren Ende, ist der Radstand am größten. So ist auch für einen breiteren Reifen genug Platz zwischen den Kettenstreben hinter dem Tretlager. Falls das größte Ritzel 28 Zähne oder mehr hat, kann es notwendig sein, das Hinterrad zu justieren, damit das obere Schaltröllchen vom größten Ritzel frei bleibt.

2 Schrauben Sie die Schnellspanner ab und ziehen Sie sie aus der Hohlachse, wobei Sie mit der linken Hand die Hutmutter sowie die Sprungfeder festhalten. Drehen Sie den Schnellspanner an der gegenüberliegenden Seite heraus. Auch hier gilt: Passen Sie auf, dass die Feder nicht verloren geht. Säubern Sie das Hebelgelenk und ölen Sie es nötigenfalls, zusammen mit dem Exzenter und dem Gewinde. Die Hebel der Schnellspanner sollten immer auf der linken Seite in Fahrtrichtung montiert sein, wobei die breiteren Enden der Federn nach außen zeigen.

3 Setzen Sie das Laufrad wieder in das Ausfallende ein und ziehen Sie den Schnellspanner vorsichtig an. Sie können den Anschlag mit der Hutmutter justieren. Einige Profimechaniker legen ihre Finger um die Speichen, wenn sie den Exzenter umlegen, was sich an älteren Rennrädern allerdings nicht empfiehlt. Drücken Sie den Exzenter mit der Handinnenfläche ein. Bleibt ein Abdruck zurück, ist der Schnellspanner meist fest genug angezogen. Der Exzenterhebel sollte nicht zu nah an Gabel oder Rahmen einrasten, weil er sich dann nur sehr umständlich aufklappen lässt.

4 Prüfen Sie die Ausfallendschrauben. Achten Sie darauf, dass sie sauber und mit Spray oder Leichtöl gefettet sind, bevor Sie sie anziehen oder lösen. Schieben Sie das Hinterrad mit der Achse so weit wie möglich in das Ausfallende ein, der Schnellspanner ist noch geöffnet. Der Reifen muss mittig zwischen den Kettenstreben nahe dem Tretlager sitzen. Der Abstand zu jeder Seite sollte mindestens fünf Millimeter betragen. Ziehen Sie den Schnellspanner an, bevor Sie die Schräubchen an den Ausfallenden anziehen, bis sie auf die Nabe stoßen.

5 Ältere Lenker haben oftmals tiefer liegende, sehr rund verlaufende Untergriffe. Sie sollten mit dem Unterlenker entweder parallel zum Boden oder mit den Lenkerenden Richtung Boden zeigend eingestellt werden. Als Faustregel gilt: Richten Sie den Lenker so aus, dass der Oberlenker bis zum Bogen möglichst waagerecht verläuft oder nur leicht abgeschrägt ist. Die Bremskabel sollten in einem hohen Bogen von den Griffen abstehen und lang genug sein, sodass sich der Lenker problemlos bis zu beiden Anschlägen drehen lässt.

1

2

3

4

5

6

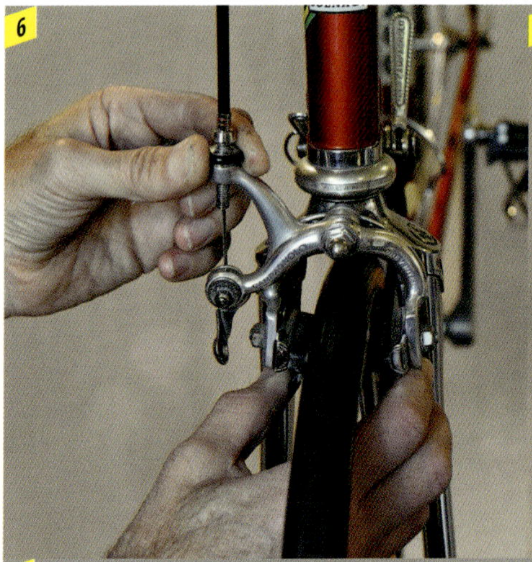

7

8

9

10

6 Ähnlich wie bei einer modernen Seitenzugbremse werden die älteren Modelle eingestellt, indem der Bremszug mit einer Sicherungsschraube arretiert wird und dann mit der Stellschraube die Feinjustierung erfolgt. Drehen Sie die Stellschraube vollständig ein, sodass unter dem Calipergriff möglichst viel Gewinde herausragt. Drücken Sie von Hand die Bremsbeläge auf die Felge und lösen Sie die Sicherungsschraube. Hat sich das Kabel eigenständig ausgerichtet, ziehen Sie die Sicherungsschraube wieder an. Wenn Sie die Bremszüge austauschen, sollten Sie modernere Bowdenzüge und -hüllen verwenden. Sie laufen besser, müssen nicht gefettet werden und sehen so aus wie ihre Vorgänger.

7 Verschleißmarken an älteren Bremsbelägen haben dieselbe Funktion wie heute noch: Ist der Abrieb bis dorthin fortgeschritten, müssen sie ersetzt werden. Originalbremsbeläge sind schwer zu beschaffen, außerdem wird sich mit der Abmischung eine nicht so effektive Bremswirkung wie mit neueren Belägen erzielen lassen. Möchten Sie die alten Bremsschuhe behalten, müssen Sie passende Bremsbeläge finden.

8 Die Klemmschraube ist im Vorbau eingefasst und hat einen Sechs-Millimeter-Inbuskopf. Sie Schraube verläuft tief in das Steuerrohr hinein und verfügt über einen Klemmkeil, der sich von innen gegen den Gabelschaft presst. Anders als moderne gewindelose Steuersätze wirkt diese Schraube nicht auf das Spiel des Steuersatzlagers ein, aber mit ihr lässt sich der Vorbau justieren und arretieren. Bevor Sie ihn einstellen, tragen Sie etwas Leichtöl auf den unteren Teil des Vorbaus auf, der in das Schaftrohr geführt wird, und lassen Sie es über Nacht einwirken. Um den Vorbau zu verstellen, lösen Sie die Schraube nur so weit, bis Sie spüren, dass der Klemmkeil nachgibt. Spannen Sie das Vorderrad zwischen Ihren Beinen ein und richten Sie den Lenker vorsichtig nach Augenmaß mit dem Oberrohr aus. Schieben Sie den Vorbau je nach Wunsch hoch und runter, aber gehen Sie nicht über die Grenzmarkierungen. Ziehen Sie die Klemmschraube an – nicht zu fest, aber doch fester als die Kopfschraube eines gewindelosen Steuersatzes.

9 Stellen Sie die Bremsen mit Konusschlüsseln ein. Wenn eine Seite der Caliperbremse zu nah an der Felge ist, kann man die Bremse auch mit einem Konus- und einem Inbusschlüssel einstellen. Mit einem sehr flachen Konusschlüssel sichern Sie die Bremse hinter der Sitzstrebe an einer dafür vorgesehen Mantelfläche. Mit einem Inbusschlüssel lockern Sie die Befestigungsmutter der Bremse. Nun können Sie mit dem Konusschlüssel die Bremse ausrichten, bis der Abstand der Bremsbeläge zu beiden Seiten der Felge gleich groß ist. Danach ziehen Sie die Mutter wieder an und halten mit dem Konusschlüssel die Bremse in Position.

10 Stellen Sie sicher, dass die Pedalklemmen Ihrer Schuhgröße entsprechen. Kontrollieren Sie den Zustand der Mutter und Schraube, mit denen die Klemme am Pedal befestigt ist, sowie den der Riemen. Mit einem kleinen Überzug aus Plastik, den Sie über die Riemenspitze schieben und mit einer Madenschraube arretieren, lässt sich der Riemen leichter einfädeln.

DIE TOUR UND DARÜBER HINAUS

Hoffentlich haben Sie mit diesem Buch einen Eindruck gewinnen können, wie die Radmechaniker im Profizirkus ihren Alltag meistern. Vielleicht konnten Sie sich von ihnen Tipps und Tricks abschauen. Jeder, der an der Tour beteiligt ist, trägt zum Gelingen bei, und die Mechaniker bilden eine wichtige Größe im ganzen Spektakel.

Für die 176 Fahrer übernehmen die jeweils vier Mechaniker der 22 Mannschaften die Verantwortung für die Wartung der Räder, außerdem unterstützen sie sie während jeder Etappe vom Teamfahrzeug aus.

Auf sie fällt das Rampenlicht, wenn ein Fahrer eine Panne hat oder gestürzt ist. Und die Kamera hält meist auch drauf, wenn der Mechaniker einen Fahrer mit Getränken und Kühlpacks versorgt – oder sich halsbrecherisch aus dem Seitenfenster hinauslehnt, um hier und da eine Feinjustierung an einem Rad vorzunehmen.

Am Etappenstart versammeln sich die Fans um die Teamtrucks, wo erneut die Mechaniker im Fokus stehen, wenn sie die acht Räder ein letztes Mal vor der Etappe durchchecken und optimieren. Im Ziel hingegen werden sie beäugt, wie sie die staubigen Renner nach einem anstrengenden Tag verstauen. Vor dem Hotel warten noch mehr Fans und beobachten die Mechaniker bei ihren täglichen Aufgaben wie Waschen, Wartung und Reparatur.

Während dieser drei Wochen im Juli, wenn die Mechaniker draußen bei jeder

▶ **Mechaniker und Fahrer bilden ein eingespieltes Team im Team.**

Witterung und unter den Argusaugen des Publikums schuften, leisten sie Unglaubliches. Glamourös ist das nicht, auch wenn viele von ihnen sich gern auf einen Plausch mit den Zuschauern einlassen und trotz des unglaublichen Drucks, der bei einer Tour herrscht, geradezu aufblühen.

Es gibt so viele exzellente Mechaniker, die tagtäglich in den Fahrradläden dieser Welt einen großartigen Job machen. Doch nur wenige bringen den Mut, den Willen und das Naturell mit, ihre Kenntnisse in den Dienst eines Profiteams zu stellen.

WISSENSTRANSFER

Vielleicht wollen Sie nicht das Leben eines Tour-Mechanikers führen, aber das heißt nicht, dass Sie ihnen bei der Wartung Ihres eigenen Rads nicht nacheifern und vielleicht genauso gut sein können. Oder in einigen Aspekten sogar noch besser, bedenkt man das wahnsinnige Arbeitspensum eines Tour-Mechanikers, das selbst den größten Perfektionisten an seine Grenzen bringt.

Für den Hobbymechaniker zu Hause sollte der praktische Teil des Buches aufzeigen, wie wichtig es ist, das Rennrad möglichst in tadellosem Zustand zu halten und seine Komponenten regelmäßig zu überprüfen und zu warten. Mit lockeren Schräubchen und beschädigten Komponenten müssen Sie sich dann nicht herumärgern, und Bremsen und Schaltung sind allzeit perfekt justiert. Außerdem erkennen Sie rechtzeitig, wenn Verschleißteile wie Kette oder Bremsbeläge ausgetauscht werden müssen.

Genauso wichtig wie die Prüfung der Komponenten ist der Zustand der Reifen, die vor jeder Ausfahrt auf übermäßigen Abrieb kontrolliert werden. Fahrer und Mechaniker begegnen Reifentypen, ihrem Zustand und dem Luftdruck mit geradezu übereifrigem Interesse. Das erklärt zum Teil, warum die Profis nach wie vor Schlauchreifen bevorzugen, deren Montage allerdings sehr aufwendig und zeitintensiv ist. Die Vorteile sind nur marginal, aber im Profizirkus entscheiden Marginalien über Sieg und Niederlage.

Die Hobbyfahrer haben sich bereits vor einiger Zeit für einen weitaus einfacheren Reifentyp entscheiden, aber das soll nicht heißen, dass Sie Ihren Reifen weniger Wertschätzung entgegenbringen sollten als ein Profimechaniker seinen geliebten Schlauchreifen.

GENIESSEN SIE ES!

Sie mögen mit ernster Miene blicken und unter großem Druck stehen, aber nehmen Sie einen Tour-Mechaniker beiseite und fragen Sie ihn, ob er seinen Beruf mag. Alle, ausnahmslos alle werden antworten, dass sie ihren Job nicht nur mögen, sondern heiß lieben! Man kann nicht drei Wochen rund um die Uhr an unzähligen Rädern schrauben, ohne mit absoluter Leidenschaft und Hingabe für die Profession dabei zu sein.

Wenn Sie einen kleinen Teil des Stolzes und der Sorgfalt der Profimechaniker in diesem Buch als Vorbild nehmen und auf Ihr eigenes Rennrad übertragen, werden Sie nicht nur sicherer und schneller unterwegs sein, sondern Sie werden dabei auch besser aussehen. Vor allem aber werden Sie eine weitere Fähigkeit erwerben, um Ihren Genuss am Radfahren – dem König aller Sportarten – zu steigern.

▲ **Ein formidabler Austragungsort für das Finale: das Peloton auf den Champs-Élysées bei der Tour de France 2018.**

GLOSSAR

A

Aero Jede Komponente, die den Luftwiderstand reduziert oder den Fahrer zu einer windschnittigeren Position verhilft, erhält die Vorsilbe »Aero«.

Aero-Aufsatz Auch Triathlon-Aufsatz genannt, wo er seinen Ursprung hat: Die Ellbogen liegen eng auf einem verlängerten Aufsatz auf, der auf einen Rennradlenker geschraubt wird. Es gibt auch reine Aero-Lenker.

Antriebsstrang Alle Komponenten, die für den Antrieb des Hinterrads nötig sind.

Ausfallende Aussparung oder Gewinde, in das sowohl Vorder- als auch Hinterrad eingespannt werden.

C

Classification Wertungsklassen innerhalb der Tour de France: bester Sprinter, bester Bergfahrer, bester Jungprofi, bestes Team.

Cleat Schuhplättchen, das an der Sohle des Rennradschuhs verschraubt und in das Pedal eingeklickt wird.

Commissaire Offizieller Wettkampfrichter, der das Rennen vom Auto oder Sozius eines Motorrads aus verfolgt.

D

Drafting Ein Fahrer nutzt den Windschatten eines Vorausfahrenden und spart dadurch Kraft.

Draht- oder Faltreifen Beliebtester und konventionellster Reifentyp, auch Clincher genannt. Er wird mittels Drahtring im Reifenwulst auf der Felge gehalten.

E

Eintagesklassiker Berühmtes und zum Teil auch berüchtigtes Eintagesrennen im Radsportzirkus; wird oft im Frühjahr ausgetragen.

Elastomer Elastisches Polymer ist ein Dämpfungsmaterial, das Vibrationen abfedern soll; es kommt an manchen Rennrädern zum Einsatz.

Equipe Eine Profimannschaft besteht aus bis zu 30 Fahrern, von denen sieben oder acht für die Tour de France nominiert werden.

Etappe Bezeichnung für einen Renntag bei einer mehrtägigen Rundfahrt wie der Tour de France.

F

Freilauf Mechanismus, bei dem das Hinterrad weiter mitlaufen kann, auch wenn die Pedale nicht mehr oder langsamer getreten werden.

Freilaufnabe Nabe mit integriertem Freilauf und Gehäuse für die Kassette.

G

Gelbes Trikot siehe *Maillot Jaune.*

Gepunktetes Trikot Weißes Trikot mit roten Punkten, das bei der Tour de France der beste Bergfahrer trägt.

Gesamtklassement Rang eines jeden Fahrers am Ende einer Etappe, der sich durch die Gesamtzeit ergibt.

Gewindelos Moderner Steuersatz, der ohne traditionellen Gabelschaft mit Gewindekopf auskommt.

Grünes Trikot Führender der Punktewertung bei der Tour de France und bester Sprinter im Feld.

H

Hydraulische Bremse Eine Bremse, bei der die Kraft hydraulisch – also über eine Bremsflüssigkeit in einer Leitung – übertragen wird.

I

Innensechskantschraube Auch bekannt als Inbusschraube mit einem Innensechskant; sie wird mit einem Inbus- oder Innensechskantschlüssel angezogen.

K

Kadenz Die Anzahl der Kurbelumdrehungen, die ein Fahrer pro Minute leistet; ein anderer Begriff dafür lautet Trittfrequenz.

Kassette Zahnkranz- oder Ritzelpaket auf einem Freilaufkörper, das mit einem Verschlussring gesichert wird.

Kettenblatt Großes Ritzel, das an dem Spider mit der Kurbelgarnitur verschraubt wird. Geläufig sind zwei Kettenblätter, aber es gibt auch Kurbelgarnituren mit nur einem Kettenblatt oder mit drei Kettenblättern.

Kettenstrebe Zwei dünne Rohre am Rahmen, die das Tretlager mit den hinteren Ausfallenden verbinden.

King of the Mountains (KOM) Bergkönig; Fahrer mit den meisten Punkten in der Bergwertung, die an jedem klassifizierten Anstieg vergeben werden.

Klemmkeil Schraube mit Klemmkeil, der im Inneren eines Rohrs gegen die Rohrwand gepresst wird.

Klickpedal Modernes Pedalsystem, das ohne die veralteten Pedalkäfige auskommt; der Schuh wird in das Pedal eingeklickt und sitzt dann fest.

Kurbel Arme, die beiderseits des Tretlagers verschraubt sind und an denen die Pedale montiert werden.

Kurbelstern Er dient als Verbindungslied zwischen Kurbelwelle und Kettenblatt; wird auch Spider genannt.

L

Lager Dient zur Reduktion von Reibung und kommt am Rennrad oft als kranzförmiges Kugel- bzw. Innenlager zum Einsatz.

Lenkerbogen Der gebogene Teil des Rennradlenkers.

M

Madenschraube/Gewindestift Schraube ohne Schraubenkopf; dient häufig zur Justierung der Gänge am Schaltwerk.

Maillot Jaune Gelbes Trikot des Gesamtführenden bei der Tour de France.

Montageständer Zusammenklappbarer Ständer, an dem das Rad eingespannt werden kann, sodass sich Wartungs- und Reinigungsarbeiten leichter durchführen lassen; die Profiteams verwenden zum Teil Spezialanfertigungen.

Musette Kleines Baumwolltäschchen mit Verpflegung, das den Fahrern an den Verpflegungspunkten gereicht wird.

N

Neutrales Teamfahrzeug Von Mavic gestelltes Teamfahrzeug mit Ersatzteilen und -rädern, auf die alle Fahrer im Peloton zurückgreifen können.

Neutralisierte Zone Anfangsphase einer Etappe, bei der das Rennen noch nicht freigegeben ist.

Nippel Kappe am Ende eines Bowdenzugs für Brems- oder Schalthebel.

O

Oberlenker Der rechtwinklig zum Vorbau verlaufende Teil des Lenkers für den Obergriff.

Oberrohr Teil des Rahmens, der das Sitzrohr mit dem Steuerrohr verbindet.

P

Peloton Größte Gruppe der Fahrer bei einem Rennen; wird auch »Feld« genannt.

Powermeter Wattmesser, der in die Kurbelgarnitur integriert wird; der Fahrer kann die gemessenen Werte auf seinem Radcomputer ablesen.

Prolog Kurzes Einzelzeitfahren, das die Tour de France einläutet.

Q

Q-Faktor Standbreite zwischen den beiden Montagepunkten der Pedale.

Quetschhülse Aderendhülse, die auf das Drahtende gepresst wird

R

Radial Speichenmuster, bei dem die Speichen strahlenförmig von der Nabe abgehen, ohne sich zu kreuzen.

Radtrikot Kurz- oder langärmeliges Oberteil mit Taschen am Rücken.

Rahmenset Rennradrahmen mit Gabel.

Regenbogentrikot Das weiße Trikot mit der Regenbogenbanderole auf Brusthöhe ziert den UCI-Weltmeister.

Ritzel Dünnes Zahnrad, das im Verbund mit anderen Ritzeln die Kassette bildet.

Rollentrainer In ihn wird das Hinterrad eines Rennrads eingespannt. Er dient zu Trainingszwecken sowie zum Warm-up und Cooldown während eines Rennens.

S

Sattelstreben Zwei dünne Rohre, die vom Sitzrohr unterhalb des Sattels diagonal nach hinten unten bis zu den hinteren Ausfallenden verlaufen.

Sattelstütze Verbindet den Sattel mit dem Rahmen und wird in das Sitzrohr geschoben.

Schaltgruppe Umfasst alle Teile eines Herstellers für Schalt- und Bremskomponenten an einem Fahrrad.

Schaltwerk Schaltmechanismus an der Kassette, das die Kette von einem Ritzel zum nächsten gleiten lässt.

Scheibenbremsen Bremssystem, bei dem eine Metallscheibe an der Radnabe angreift; wird über eine Bremse am Ende des Gabelarms oder der Kettenstrebe betätigt.

Schlauchreifen Vernähter, leichter Mantel, der auf die Felge geklebt wird.

Schnellspanner Klemmvorrichtung mit Exzenter zur Arretierung von Vorder- und Hinterrad.

Schraubkranz Veraltete Befestigung der Ritzel auf der Hinterradnabe, bei der die Kränze auf der Nabe aufgeschraubt und nicht wie heutzutage gesteckt werden.

Service Course Hauptquartier eines Profiteams, wo sich Lager und Verwaltung befinden.

Spiel Bewegungsspielraum zwischen zwei Komponenten.

Sportlicher Leiter Der *Directeur Sportif* einer Mannschaft sitzt meist am Steuer eines der beiden Teamfahrzeuge.

Steuerrohr Kurzes Rohr vorn am Rahmen, das Ober- und Unterrohr miteinander verbindet.

Steuersatz Die Kugellager am Steuerrohr, die die Gabel in Position halten und die Drehung ermöglichen; sie sind sowohl mit als auch ohne Gewinde erhältlich.

T

Tretlager Ist im Tretlagergehäuse vom Rahmen verbaut und auf ihm sitzt die Kurbelgarnitur.

U

UCI Union Cycliste Internationale; Dachverband aller internationalen Radsportverbände.

Umwerfer Schaltmechanismus am Tretlager, das die Kette von einem Kettenblatt zum anderen gleiten lässt.

Unterrohr Diagonales Rohr, das vom Steuerrohr zum Tretlagergehäuse verläuft.

V

Velodrome Terminus aus dem Französischen für Rad(sport)stadion.

Verschlussring Mutter oder Kontermutter zur Sicherung einer Lagerschale.

Vertikale Ausfallenden Moderne Variante, bei der sich das Laufrad leichter einsetzen lässt.

Vorbau Zwischenstück, das den Lenker mit dem Gabelschaft verbindet.

W

Watt Einheit für die beim Treten erbrachte Leistung, die von einem Wattmesser in der Kurbel auf den Radcomputer übertragen wird.

Z

Zeitfahren Das Fahren im Kampf gegen die Uhr, das auf mehrwöchigen Rundfahrten als Einzel- sowie auch als Mannschaftszeitfahren veranstaltet wird.

Zentrieren Prozess, bei dem das Laufrad justiert wird, bis es gerade läuft.

Zwischensprint Sprintwertungen einer Etappe, bei denen die Jäger des Grünen Trikots auf Punktejagd gehen.

REGISTER

BILDNACHWEIS UND DANK

Der Verlag bedankt sich bei folgenden Personen, Organisationen oder Firmen für die freundliche Genehmigung zur Verwertung der Bilder in diesem Buch. Legende: o=oben, u=unten, l=links, M=Mitte, r=rechts.

Alamy: /JWO: 20

Carlton Books: /Andy Jones: 32-33, 35ol, 35or, 35l, 35r, 36ul, 36r, 36ur, 37ol, 37or, 38M, 38ul, 38ur, 39o, 39M, 39u, 43o, 43u, 45o, 45ul, 45ur, 46ol, 46u, 47, 48u, 78, 79ol, 79u, 80ul, 99, 101ol, 101or, 101l 101M, 101r, 101ul, 101ur, 102ol, 102or, 102M, 105ul, 105uM, 105ur, 106ol, 106oM, 106or, 106l, 106r, 106ul, 106ur, 107, 110l, 110r, 110ul, 110ur, 111M, 111ul, 111ur, 113ul, 113ur, 114u, 133ol, 133or, 133l, 133r, 133u, 135ol, 135or, 135M, 135ul, 135ur, 136o, 136M, 136u, 138, 139o, 139M, 139ul, 139ur, 140ul, 140ur, 141ul, 141ur, 143o, 143l, 143ul, 143ur, 165ol, 165or, 165r, 166ol, 166u, 169ol, 169or, 169l, 169r, 169ul, 169ur, 170ol, 170or, 170l, 170r, 170ul, 170ur, 171, 172-173, 180, 181or, 181u, 182-183, 185, 187ol, 187or, 187l, 187r, 187u, 189ol, 189or, 189l, 189r, 189u, 190u, 191, 193ol, 193or, 193l, 193r, 193u, 195ol, 195or, 195l, 195r, 195u, 197o, 197l, 197r, 197ul, 197ur, 198ol, 198or, 198M, 198ul, 198ur

Christoph Deike: 28ol, 28u, 29, 30o, 30u, 31ol, 31or

Getty Images: /Marco Bertorello/AFP: 118ol, 128u, 129; /Lionel Bonaventure/AFP: 92; /Gabriel Bouys/AFP: 196; /Giuseppe Cacace/AFP: 186; / Jean Catuffe: 201; /Luc Claessen: 63; /Tim de Waele: 22-23, 24, 52-53, 55, 66, 67, 69u, 70ol, 70u, 108-109, 114ol, 150ul; /Eric Feferberg/AFP: 134; /Chris Graythen: 12, 15, 72-73, 94r, 110ol, 113or, 115u, 122-123, 128ol, 148ul, 148ur, 167; /Bryn Lennon: 124, 140ol, 146ol, 158; / Ljubaphoto: 49; /Thomas Lohnes: 184; /Philippe Lopez/AFP: 27ul, 48ol; /Jeff Pachoud/AFP: 27ur, 60-61, 64, 65, 71, 89; /Doug Pensinger: 144-145; /Joel Saget/AFP: 137; /Justin Setterfield: 59, 119, 126, 168; /Javier Soriano/AFP: 118ul; /Kenzo Tribouillard/AFP: 149u, 151; /Kei Tsuji/Tim de Waele/Corbis: 16, 21, 62, 68, 69or, 75, 112, 149or, 152-153

Nick Legan: 159ul, 159uM, 159ur, 161ol, 161or, 161l, 161M, 161r, 161ul, 161ur

Offside Sports Photography: /L'Equipe: 8-9, 103or; /Presse Sports: 25, 76, 77, 84

Shutterstock: /Ansario: 141or, 143R; /Laurent Cipriani/AP: 82-83; /Peter Dejong/AP: 162-163; /Yorick Jansens/EPA/REX: 51; /Kim Ludbrook/ EPA/REX: 7, 127

Yuzuru Sunada: 10-11, 13, 14, 18, 34, 40-41, 42, 44, 50, 54, 56, 58, 74, 80ol, 80-81, 96-97, 98ol, 98ur, 103ur, 104, 105or, 118ur, 121, 125, 130-131, 132, 154, 155, 157, 164, 174ol, 174u, 175, 176, 177, 178ol, 178u, 179, 190ol, 200

Graham Watson: 57, 85, 87ol, 87or, 87l, 87M, 87r, 87ul 87ur, 88ol, 88or, 88u, 90, 91, 93ol, 93or, 93l, 93r, 93u, 94l, 94ol, 94or, 94u, 115or, 116-117, 120ol, 120u, 146u, 147, 148ol, 150ol

Verlag und Autor haben sich bemüht, sämtliche Rechteinhaber ausfindig zu machen. Sollten in einzelnen Fällen die Inhaber von Bildrechten nicht genannt sein, bittet Carlton Books Limited um Entschuldigung und um eine Nachricht, damit dies in den folgenden Auflagen korrigiert werden kann.

Dank

Der Verlag dankt folgenden Personen für ihre fachkundige Beratung und Anleitung bei der Zusammenstellung dieses Buches.

Großer Dank geht an Luke Edwardes-Evans für seine unermüdliche Hingabe beim Aufbau dieses Buches. An Andy Jones und Rohan Dubash (www.doctord.co.uk) für ihre Hilfe und Beratung bei der Erfassung selbst kleinster Details an einigen wunderbaren Rennrädern. An Richard Hemmington bei Pinarello UK sowie an das Team Sky und Geraint Thomas dafür, ihren herausragenden Renner als Leihgabe zur Verfügung zu stellen. Und an Yuzuru Sunada, der bei der Tour de France die Bilder hinter den Kulissen aufgenommen hat.

Der Autor dankt den Fahrradmechanikern Geoff Brown, Ryan Bonser und Rohan Dubash (www.doctord.co.uk) für ihre Hilfe und die fachliche Beratung.